行　星

[英] 贾尔斯·斯帕罗

傅圣迪　译

江西人民出版社
Jiangxi People's Publishing House
全 国 百 佳 出 版 社

目　录

揭秘太阳系

我们的家园，这颗被称为地球的行星，仅仅是被太阳这个普通黄色恒星的引力束缚着的众多天体中的一个。太阳系中的成员不计其数：少数几个较大的天体，加上一群围绕在它们周围的小天体，还有无数冰块和石砾——它们都在各自的轨道上围绕太阳运转。长久以来，在这些较大的天体之间，有九个被视为行星——如果按到太阳的距离由近到远排序的话，它们分别是水星、金星、地球、火星、木星、土星、天王星、海王星和冥王星。然而，"到底有多少行星"这个问题一直是争论的焦点。根据最新近的定义，冥王星就被排除出了行星的家族，行星的成员也从而减为了八个。

行星的本质

"行星"一词的英文源自古希腊语中的"流浪者"：五大行星（除了地球本身和在土星之外运转的天体）在古人的眼中只是一些稍亮的"星星"，它们周复一周地在相对不变的星座背景上移动，过一段时间——也许几年——就会重新回到起始的地方。由于所有的行星都十分靠近太阳周年视运动的平面，所以它们会反复地出现在由某些特定恒星组成的图案中，这些便是黄道星座。

对这个现象最直观的解释就是，太阳、恒星和行星都以不同的速率围绕地球运动。可是，这个模型从一开始就有些问题——行星在恒星背景上的运动速率有着令人费解的变化，有时候它们甚至还会停止运动，然后画着复杂的圈向反方向移动。

然而在16世纪中叶之前，这个以地球为中心的太阳系模型在一定的程度上一直被罗马天主教会以符合教义为理由支持着。就在那时，由文艺复兴和宗教改革催生出的独立思考的精神加上

一些重大的天文事件，为全新的理论铺平了道路。尼古拉·哥白尼（Nicolaus Copernicus）——一位毫不起眼的波兰神父——在1543年发表了他著名的"日心说"，首次提出了"地球本身也是一颗行星，只被月球这唯一一颗卫星围绕"这一见解。然而，当时他的理论还存在很多瑕疵。而且虽然已经广为流传，但是由于缺少事实的证明，"日心说"和古希腊人托勒密（Ptolemy）的模型比起来还是很难真正令人信服，而后者流传了更久，且已经深入人心了。接着，在1577年的天空中出现了一颗明亮的彗星，人类有史以来第一次计算了它的轨道——毋庸置疑，它是一个明显的椭圆形，并且横跨其他行星的轨道。此结果彻底否定了行星是在一个透明球面上运行这一概念。彗星的轨道启发了杰出的丹麦天文学家第谷·布拉赫（Tycho Brahe），在之后的一生中，他都致力于精确地测量行星的位置。正是借助了第谷布拉赫的数据，他的助手，同样杰出的约翰内斯·开普勒（Johannes Kepler）才能够一劳永逸地证明所有行星都在一个近似圆形的椭圆轨道上运动。

约翰内斯·开普勒在1608年公开了他的发现。巧合的是，在这个划时代的年份里，荷兰眼镜制造商汉斯·利伯希（Hans Lippershey）发明了望远镜。这个仪器的细节马上就传遍了欧洲，这赋予了许多科学家和哲学家全新的灵感来制造属于他们自己的望远镜。在所有使用望远镜的观测者中，最有名的无疑是意大利物理学家伽利略·伽里莱（Galileo Galilei）。他在1609年和1610年发布了一系列惊人的观测结果，包括金星和月球一样存在盈亏现象、月球上有山脉和"海洋"、木星拥有四颗卫星以及土星周围有一些奇怪的物体等。这是一种何等奇异的机缘巧合：

在能够证明行星本身是一个个遥远天体的推导方法成形时，能用来详细观察它们的工具也恰好诞生了。

陌生的世界

自17世纪始，在众多的天体中，行星一直是被研究得最频繁的一类。一代又一代的人们孜孜不倦地用不断改进过的工具和不断完善的科学理论来重新探索这些宇宙中最靠近我们的邻居。到了17世纪末，凭着强大的望远镜，人类揭示了土星环的结构，标出了火星上的暗区和亮区，并描绘了木星云带的变化。伟大的英国科学家艾萨克·牛顿（Isaac Newton）不仅发明了一种全新的望远镜——使用镜面而非透镜以提升其性能，而且还通过牛顿运动定律和万有引力定律为解释开普勒椭圆定律提供了理论基础。

结合开普勒定律以及精确测量行星位置和直径的全新方法，人类首次得以精确地估计行星的大小，还认识到了这样一个事实：行星其实有两种——一种是相对较小的类地行星（比如地球），直径通常只有几千千米；另一种是像木星和土星这类的巨行星，直径可达数万千米。然而不久之后，天文学家意识到这些巨行星并非像带内行星那样拥有固态的表面，而相反的，它们几乎全部由气体构成。

虽然我们对行星的认识越来越完备了，但还是会出现不可思议的事情，或许其中最大的意外发生在1781年。威廉·赫歇尔（William Herschel）在这一年非常偶然地发现了土星之外的一颗新行星。在此之前从来没有人想过，一些遥远的行星可能因为太暗而无法被肉眼看到。天王星的发现在一夜之间将太阳系的大小翻了一倍，并且此发现暗合了一个行星分布的距离规律，

2000 年 12 月，卡西尼号
探测器在前往土星的途中拍
摄了这张木星照片。

土卫二泛着珍珠白
色的光芒，"悬浮"在
土星环和被曙暮光照亮
的天空之上

（即摆脱若干一波得定则），而现在只剩火星和木星之间那个扎眼的空隙不符合这个定律了，所以无数的科学家开始前赴后继地在这个缝隙中寻找那颗"失踪"的行星。1801 年，第一颗小行星——谷神星（Ceres）被发现了。这些小小的岩质天体大多在火星和木星之间的带状区域中运行，它们的体积加在一块还没有冥王星大，但是它们在太阳系中的位置恰恰表明木星那巨大的引力对行星的形成有极大的影响。

当天文学家意识到可能还有新的行星在等待被发现时，他们便开始全心投入搜寻。虽然只有通过辨认每晚移动在背景星座上的微弱"星光"才能发现小行星，但是大行星施加在其他天体上的引力效应理应也可以被探测到。法国数学家于尔班·勒威耶（Urbain Le Verrier）于 1846 年根据一连串的引力摄动（一个质量天体因受到一个或以上的质量体的引力影响而产生的可察觉的复杂运动。——译者注）预测了第八大行星——海王星——在天王星外那片黑暗中的具体位置。这两颗蓝绿色的行星虽然也是巨行星，但它们都比木星或者土星小很多。

在那段时间里，巨行星的卫星家族也在不断壮大。这些卫星在各自的"迷你太阳系"中运转，它们的大小千差万别：有一些卫星，如木卫三和土卫六，甚至比水星还要大；然而也有一些小到用望远镜都不太能察觉——这些基本都是被捕获的小行星，比如火星的两颗卫星。

不断延伸的边界

人类对太阳系的最外缘以及存在于那个冰冷世界中的众多小天体的认知过程分为好几个阶段。而且科技持续地催化新发现的诞生，人类对太阳系边界的认知很可能还会继续改变。

在这个遥远世界中的首个发现极具讽刺意味，它源于 1930 年一次有意为之，然而其实是被误导的巡天。在这个过程中，冥王星被发现了。虽然许多理论学家认为它只是那片区域中首个被发现的最亮的天体，可是在这之后，冥王星还是以海王星之外孤单流浪者的身份，在 20 世纪的大部分时间中跻身九大行星的行列。杨·奥尔特（Jan Oort）曾指出，在距离太阳 1 光年左右的地方存在着一个由冰冷、休眠的彗星组成的球状区域，一些长周期彗星会偶尔脱离那里，沿着周期可长达数千年的轨道进入内太阳系。同时，杰勒德·柯伊伯（Gerard Kuiper）则表示，在冥王星轨道外侧附近存在一个甜甜圈状的、由"冰矮行星"组成的区域，许多短周期彗星——公

转周期一般只有几十年——的远日点都在这一区域中。

奥尔特云存在的间接证据非常确凿，就这点来说也十分幸运，因为以现在的天文望远镜或者探测器的能力，想要直接证明它的存在是远远不可能的。但是柯伊伯带存在的证据却很可信，直到 20 世纪 90 年代早期，首个柯伊伯带的天体被发现了，在这以后，大部分太阳系模型中才有了柯伊伯带的一席之地。在随后短短的 10 年间，被发现的柯伊伯带天体的数量急速增长，同时体积更大者也层出不穷，以至于最后有些被发现的天体的大小都超过了冥王星。这个结果最终让天文学家不得不科学地定义"行星"这一词语，可是尽管如此，这个定义在当时还是引起了争议。而且许多科学家声称，认为有八大行星——四颗类地行星和四颗巨行星——的判定缺少科学依据。然而那时除了推行一个不那么科学的、一刀切的行星大小标准之外，似乎也没有其他方法可以解决当时出现的问题了。

飞向行星

在 20 世纪中叶之前，即使用上最强大的望远镜，天文学家也只能看到一个小小的行星盘面，所以他们只能通过这个盘面来研究行星。然而伴随着 1957 年斯普特尼克 1 号（Sputnik 1）的发射，随之而来的太空时代改变了这一切。短短几年间，那些早期的探测器就已经飞越了近地轨道，走上了长达 40 多万千米的通向月球的旅途。从复杂性角度出发，每一次新的探测计划都登上了又一个台阶——从首次尝试简单的飞掠，到之后的定点撞击，再到最后的可控软着陆以及从月面带回的科学数据。

在一系列探测器正为美国阿波罗载人登月计划（Apollo Programme）铺平道路的同时，有一些探测器则首次开始探索更广阔的内太阳系，尤其是离我们最近的两个邻居，火星和金星。首次探测任务仅限于短暂的飞掠，因为在这些探测器到达目的地的时候，人类当时还没有办法让它们减速。然而仅凭它们传回的那些行星照片，我们就已经改变了先前对火星和金星的看法（尽管我们对火星的认知在之后还有好几次这样的转变）。

到了 20 世纪 70 年代，科技已经有了显著的进步——更强劲的火箭和被称为"引力助推"的技术能够让空间探测器在可接受的时间内到达带外行星、和原本不可能接近的水星会合，甚至一次性飞掠好几个行星。同时，制造工艺的进步

使着陆器可以使用降落伞降落在金星和火星的表面。旅行者号探测器（Voyager Probes）的巨大成功将这次人类对太阳系最初的探测活动推向了高潮。1977 年发射的这一对孪生探测器参加了一次游览众巨行星的壮行。旅行者 1 号于 1979 年飞掠了木星，1980 年飞掠了土星；而旅行者 2 号——落后旅行者 1 号数个月——从土星出发继续飞行，于 1986 年飞掠了天王星，1989 年飞掠了海王星。

不过除了旅行者号源源不断发回的数据以外，20 世纪 80 年代对探索太阳系而言则是相对沉寂的十年。美国和苏联都将精力集中在去往地球轨道的载人航天飞行上，而多次前往火星的任务都在到达目的地之前就失败了。这段时间最突出的成就是在 1986 年发射的、旨在与哈雷彗星会合的一系列探测器，以及 1990 年开展的麦哲伦号金星探测计划（Magellan Mission），后者绘制了第一幅详尽的金星雷达地图。

麦哲伦号开启了对太阳系的第二次探索浪潮，但稍早些时候，另一项计划已经将探测器送上了前往土星之路。伽利略号探测器（Galileo Probe）计划在环绕土星的几年时间内，详细勘测这颗巨行星和它的卫星。它的后继计划是卡西尼号土星探测计划（Cassini Mission），这艘更加富有雄心的探测器计划于 2004 年到达那颗带环的行星。与此同时，两艘探测器——火星探路者（Mars Pathfinder）和火星环球勘测者（Mars Global Surveyor）——于 1997 年顺利地到达了火星，这意味着人类在火星探测上的厄运终于结束了。这其中，前者是一艘携带了一辆小型机器人探测车的着陆器（我们目前已经对现在行驶在火星地表且十分巨大的火星车很熟悉了，它就是为此而造的一个实验品），后者则处在一系列尚在途中的雄心勃勃的火星探测器中，它是第一个到达的。

在其他方面，有一些航天计划瞄准了太阳系中那些较小的天体——小行星和彗星。全新的探测器正环绕着金星，另一些则正在飞向太阳系的两个方向——快速公转的炽热水星和冰冷遥远、包含了冥王星的柯伊伯带。甚至还有宏伟的载人重返月球计划和更进一步的登陆火星计划也正在酝酿之中。我们正处于第二次太空探索的黄金年代，新的发现每过几个月就会重塑我们对太阳系的看法，人们也正在源源不断地执行和制订新的航天计划。正是这些航天计划为本书提供了绝大部分极具震撼力的图片。这本书谨献给所有参与这些计划的工程师和行星科学家们。

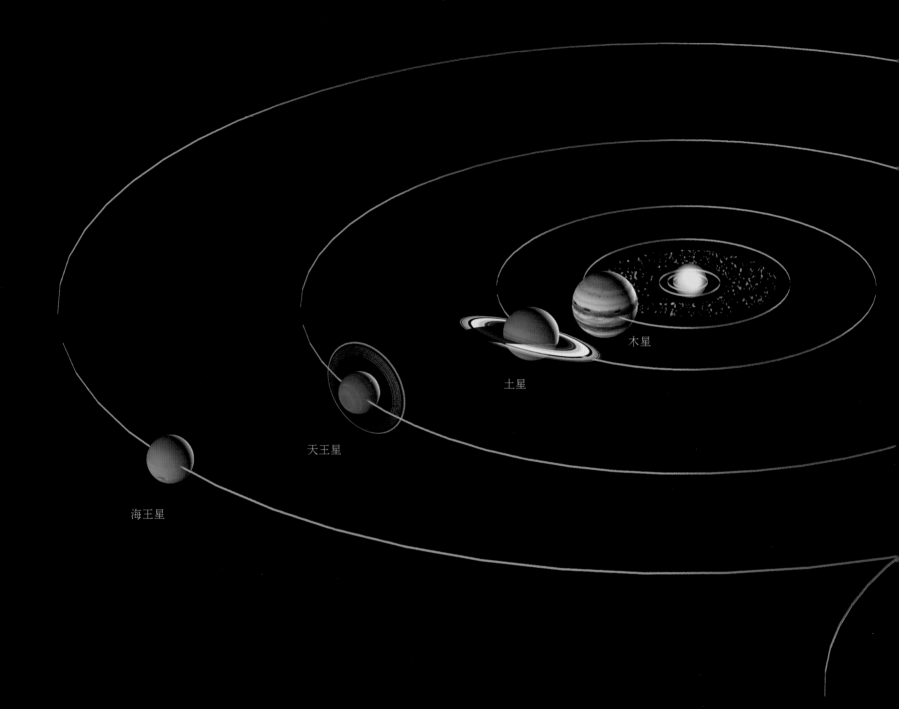

海王星

天王星

土星

木星

太阳系

　　行星的空间分布被小行星带分割为两个显著
不同的区域。较小的类地行星在靠近太阳的区域内
公转，它们相互间隔着几千万千米；带外巨行星则
相隔数亿甚至数十亿千米。

水星

金星

地球

火星

太阳

水星　　　　　金星　　　　　地球　　　　　火星

木星　　　　　土星　　　　　天王星　　　　海王星

类地行星

水星　　　　　金星　　　　　地球　　　　　火星

天然大卫星

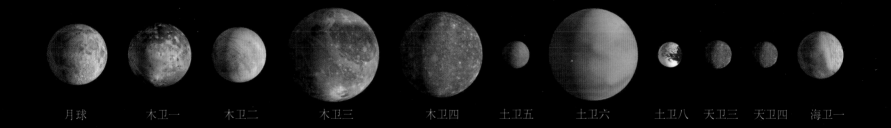

月球　木卫一　木卫二　木卫三　木卫四　土卫五　土卫六　土卫八　天卫三　天卫四　海卫一

小天体

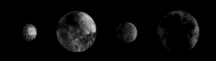

谷神星　冥王星　冥卫一　2003 UB₃₁₃

太阳系各天体比例

　　太阳系中所有的天体和太阳相比都显得十分渺小，而巨行星又比其他天体大得多。前页的图片展示的是太阳和八大行星的比例，本页则展示了那些较小的（但是相对其他没有列出的天体来说还是很大的）太阳系天体和类地行星的比例。

太阳探测

我们的整个太阳系都被一个巨大且汹涌的气态球体所统治，它的质量占到了全太阳系的99%以上。这颗恒星源源不断地向其引力范围内的所有行星和其他天体发射光和热。虽然太阳只由氢、氦这两种最轻、最简单的元素构成，但是它的引力范围却足以延伸至1光年外。如果没有太阳，那么现在的太阳系也就不会存在。

一直以来，甚至在天文学家认识到太阳究竟是什么之前，他们就把太阳视为一种特殊的天体。由于从地球上看，太阳和月球看起来几乎一样大，而这个特殊的巧合曾经使太阳和月球经常被视为孪生天体。然而早在公元前230年，古希腊天文学家萨摩斯的阿里斯塔克斯（Aristarchus of Samos）就曾估算过日地距离，从而揭示了太阳是一个遥远并且巨大的天体，并不类似于那相对更小且更近的月球。如果当时他的这个观点能广为流传，那么托勒密的学说——太阳、月球、行星和群星都围绕地球运转——可能早在哥白尼、开普勒和伽利略出现之前便失去了影响力。

太阳耀眼的光芒对那些想要研究它的学者们来说一直是一个非常大的难题。我们平常看到的明亮圆面被称作光球，它仅仅只是太阳表面一层由于稀薄而显得透明的气体。那些耗费了数万年才艰难地从内核到达光球的能量，在这里以可见光和其他射线的形式进入太空。

然而从地球上看，如果想要看到太阳更外层的结构，那只能等到出现罕见的日全食的那一刹那——当月球恰好处在地球与太阳连线的中间，同时遮蔽了光球时，丰富的细节便会在月球黑色的圆盘周围展现出来：那红色的弧形便是日珥，还有偶尔爆发的异常明亮的耀斑；而乳白色的部分则是日冕，它是太阳的外层大气，这里的温度远比光球的高，有时可达100万摄氏度。然而日冕是如此稀薄，以致在光球的光芒下它是不可见的。同时，地球还存在着另一个问题——大气层。它的密度实在是太大了，大到其中的分子"打碎"了从光球发射而来的强光，进而破坏了光线原本的传播路径。这个效应在短波的蓝光上最为突出，从而导致我们的天空在阳光的照射下呈现为蓝色。

正因为大气层对太阳光的影响如此巨大，所以也难怪在第一枚观测仪器冲出大气层之后，我们先前对太阳的看法就被彻底颠覆了。科学家们第一次观测到了大量从太阳表面发射出来的高能伽马射线、X射线和极紫外辐射。他们还发现，地球其实穿行在从日冕不断喷射出的高速、高能粒子风暴之间。偶然爆发的日珥则会将更多的物质抛入这股太阳风中。当这些粒子进入地球或者其他任何行星的磁场时，它们便会在磁极附近如雨点一般洒落下去，形成绚丽多姿的极光。

对大部分太阳观测实验来说，地球轨道无疑是一个理想的观测点。一个位于大气层上方的太阳望远镜能够探测到所有原本会因大气吸收而变得不可见的射线。而且科学家们只要在其上安装一个简单且不透光的挡板来遮挡光球的光芒，便能观测到太阳黯淡的外围区域。一些如SOHO和TRACE之类的探测器正是在地球轨道上拍摄了后几页所展示的图片。然而为了寻找研究太阳的新视角，一些航天器也进入了更为广阔的太空。比如美国国家航空航天局（NASA）曾在20世纪60年代先后将先驱者5号～9号（Pioneer Probes）发射到绕日轨道上去，以此来记录太阳风；而雄心勃勃的尤利西斯计划更是于20世纪90年代将探测器发射至绕日极轨，这种轨道能让探测器通过并使其能研究原本难以观测到的太阳两极地区。

太阳的内核是一个相对较小的中心区域，它外围是辐射层，这是一层透明但"雾气弥漫"的炽热气体，再向外侧是对流层，最外层则被光球所覆盖

距太阳	公转周期	轨道离心率	直径	表面重力	自转周期	轴倾角	天然卫星
0	—	—	140	27.9	29	0°	—
万千米	地球日		万千米	g	天（平均）		个

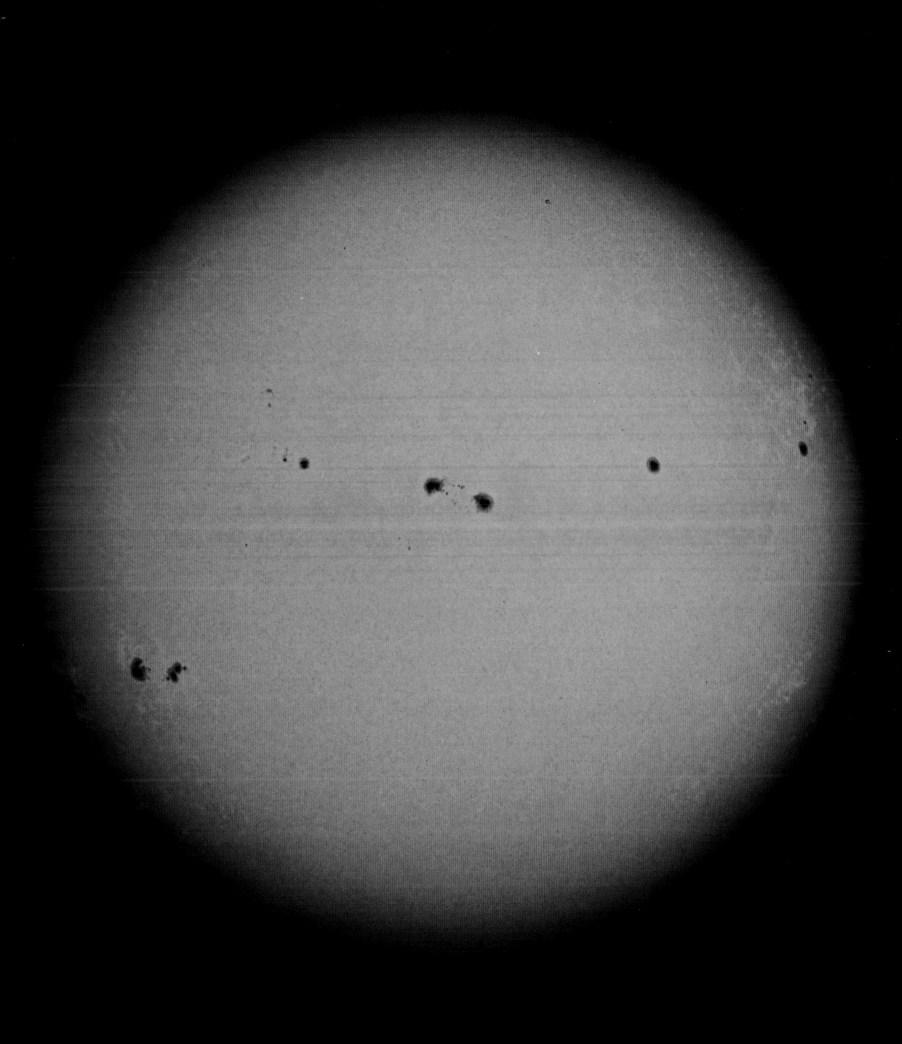

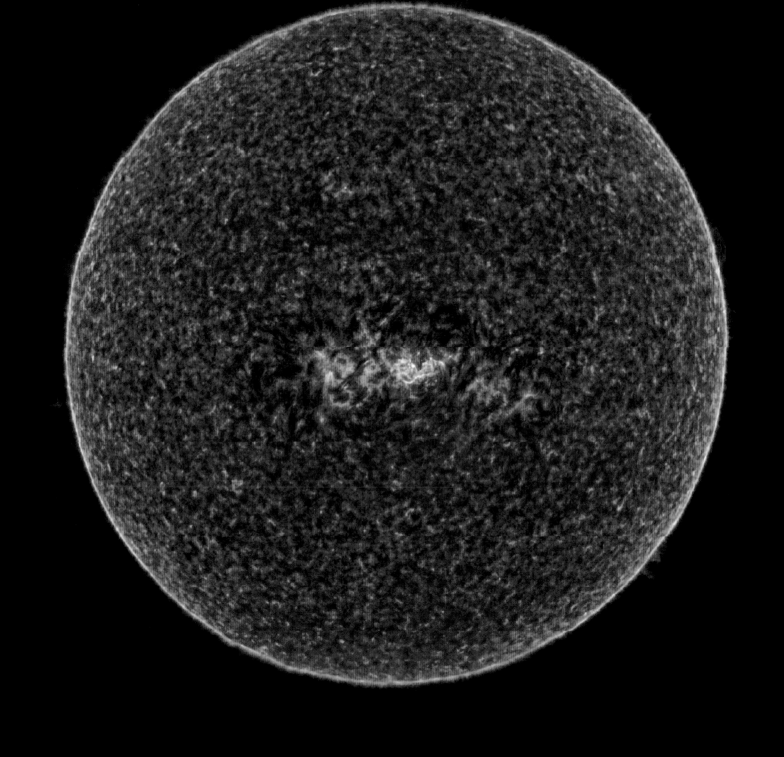

距地球	太阳	此幅电磁辐射波长相当于20000℃时的紫外线图片，展示了无数
1.496	米粒组织	好似沸腾一般的黑色斑点，这些被称作米粒组织。每一个米粒（约宽 10000km）都是一个对流圈的顶端，它的底部则一直深入太阳内部。炽热的气体从靠近内核的地方上升，在光球释放能量之后冷却下来，然后在对
亿千米	表面特征	流圈的边缘重新下降。

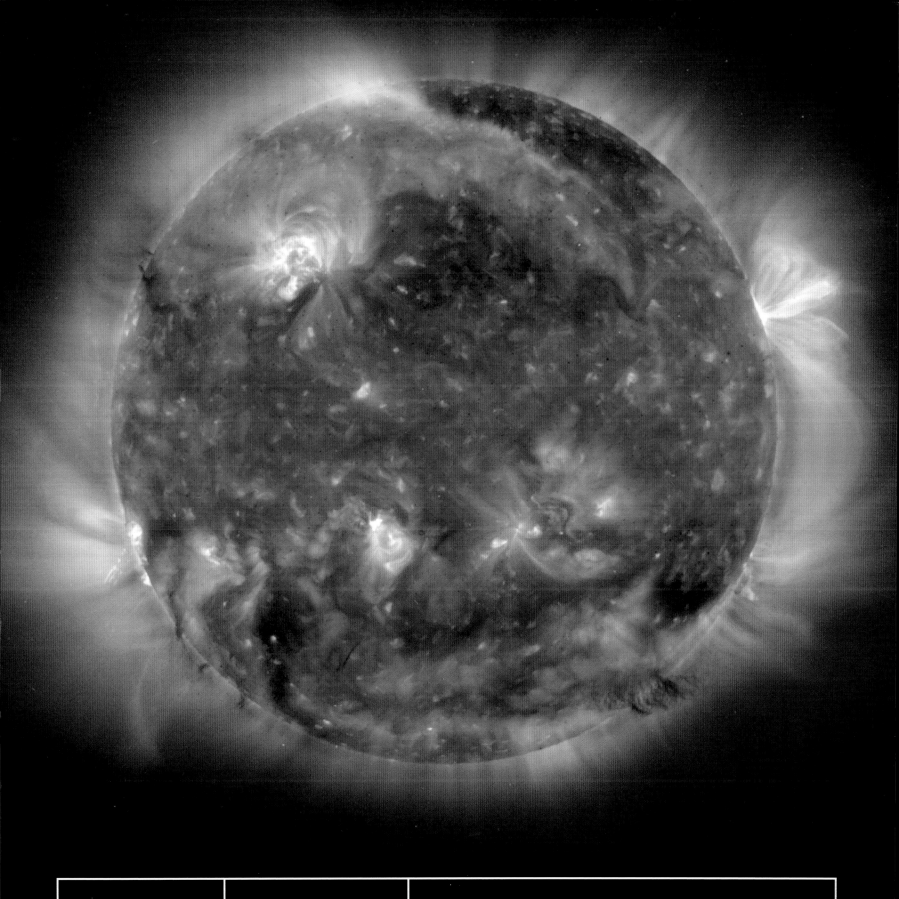

距地球	太阳	这是太阳和日球层探测器（SOHO）所拍摄的多波段图片，它揭示了太阳表面各部分气体温度的差异。此番壮观的景象展现了看似平静的太阳本身的极其复杂的特性——从太阳表面和外层大气射出的令人眼花缭乱的气体流光带，正沿着太阳内部产生的隐秘且强大的磁场分布。
1.496 亿千米	活跃的太阳 磁场特征	

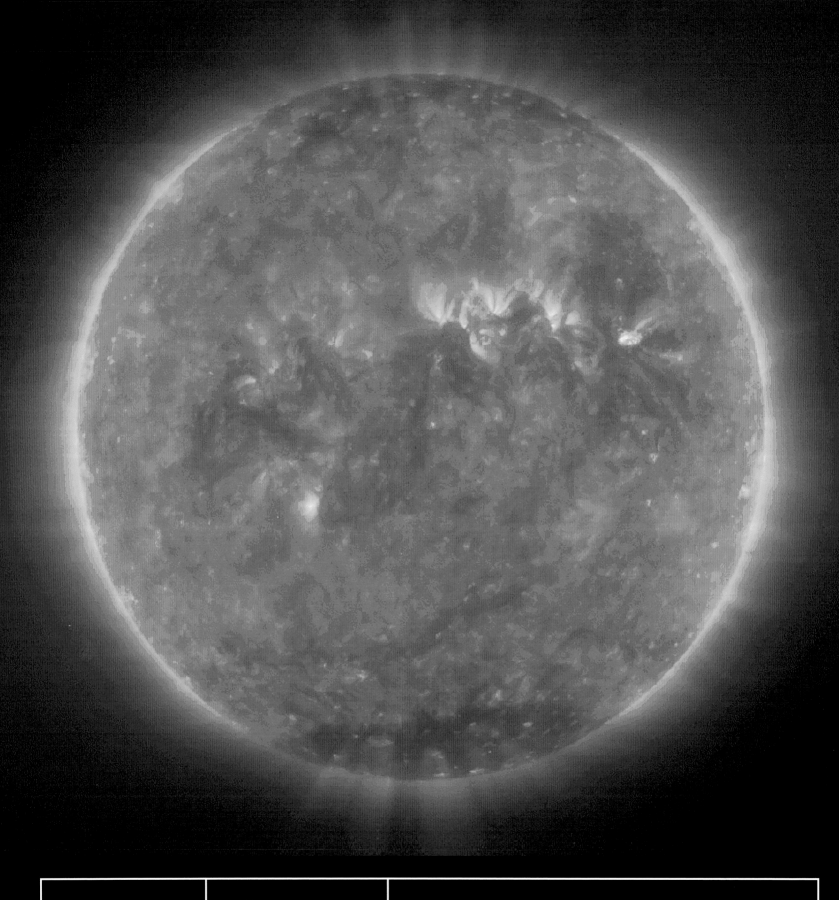

距地球	太阳	SOHO 所拍摄的此幅极紫外图片展现了太阳表面的高温区域。此图片
1.496	宁静的太阳	拍摄于 11 年太阳周期中的宁静时期。在这个时期，磁场强度降到了最低点，所以太阳表面的扰动非常少，连接内核和外层的米粒状对流体以及由此经
亿千米	紫外线特征	过的光和热的通路也很少被打断。

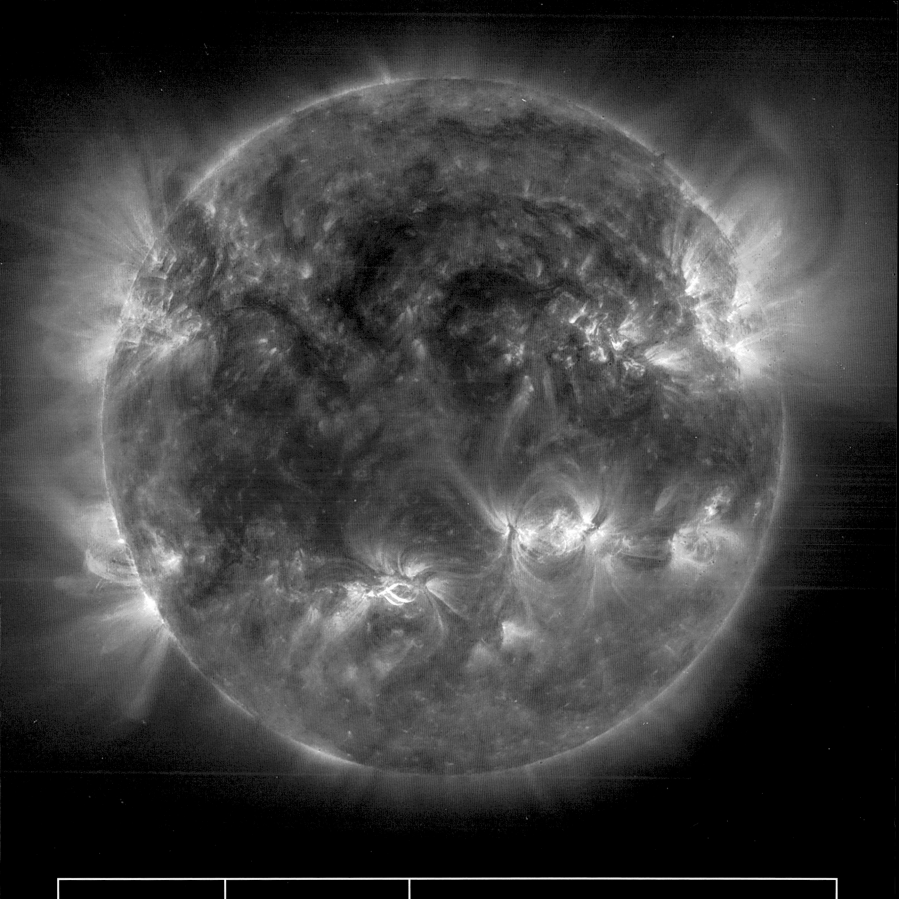

距地球	太阳	两年后，这张类似的图片则展现了完全不同的景象。太阳不是固态的，不同的区域在以不同的速率自转，由此就扭曲了产生于其间的磁场，使它穿射出光球。虽然太阳的总能量输出只微微上升了一些，但是磁场就好像大坝一样拦住了能量的出路，巨大的能量只能偶尔通过太阳耀斑迸发出来。
1.496	活动的太阳	
亿千米	紫外线特征	

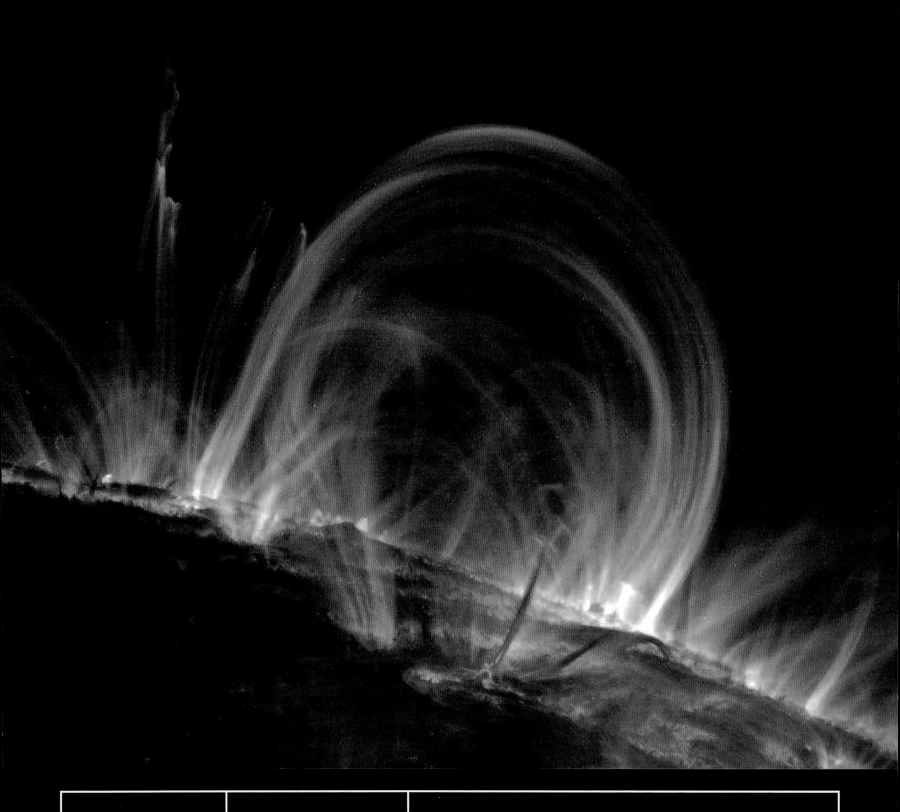

距地球 **1.496** 亿千米	**太阳** 日珥 大气特征	日珥是太阳表面的一种环状物质，看上去类似一个明亮的弧形。炽热的气流沿着太阳磁场产生的圆弧穿过一片被称为"过渡区"的区域，这片区域位于相对较冷且可见的光球和炽热稀疏的日冕之间。当磁环在太阳大气的较低层"短路"时，那里能释放出巨大的能量，从而产生耀斑。

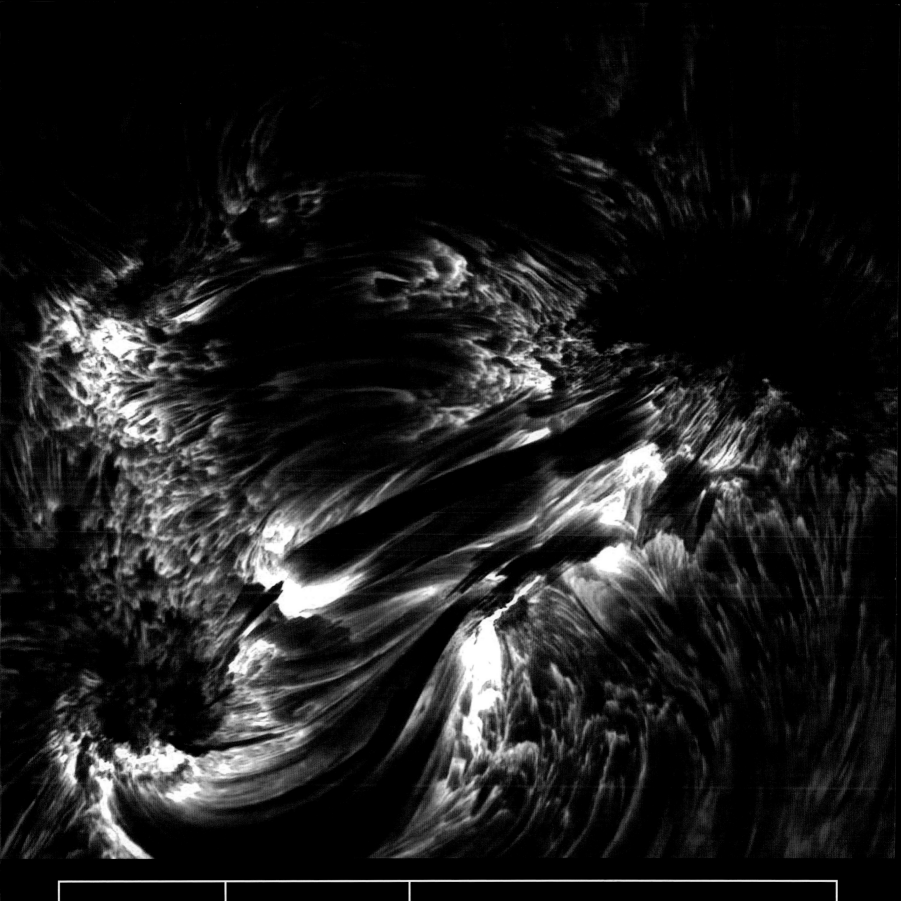

距地球	太阳	其实,看起来平静的太阳表面即使在宁静时期也很活跃。约10000km
1.496	针状体	长的针状体蜿蜒着伸出表面——细长且高耸的火焰将热量从可见的光球表面传播至不可见的、稀薄且炽热的日冕。在这幅图里,细长的针状体刻画
亿千米	大气特征	出了黑色的、温度较低的太阳黑子的边缘。

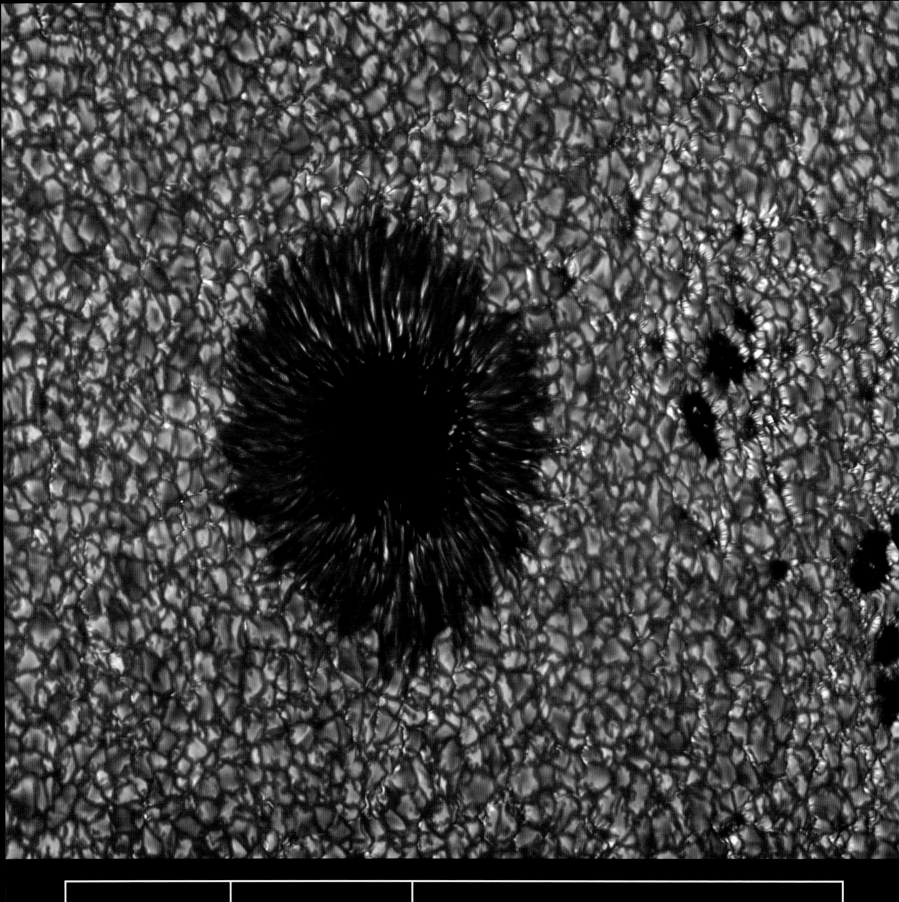

距地球	**太阳**	太阳黑子是太阳表面最明显可见的特征，也就是图中的黑色区域：它是磁场扰动在太阳表面的气体中所开辟的一片温度较低的"空地"。虽然黑子的温度高达 3500℃，可它还是呈现黑色，那是因为它周围的温度比它还要高 2000℃。而在大部分情况下，黑子都比地球大。
1.496	规则的太阳黑子	
亿千米	表面特征	

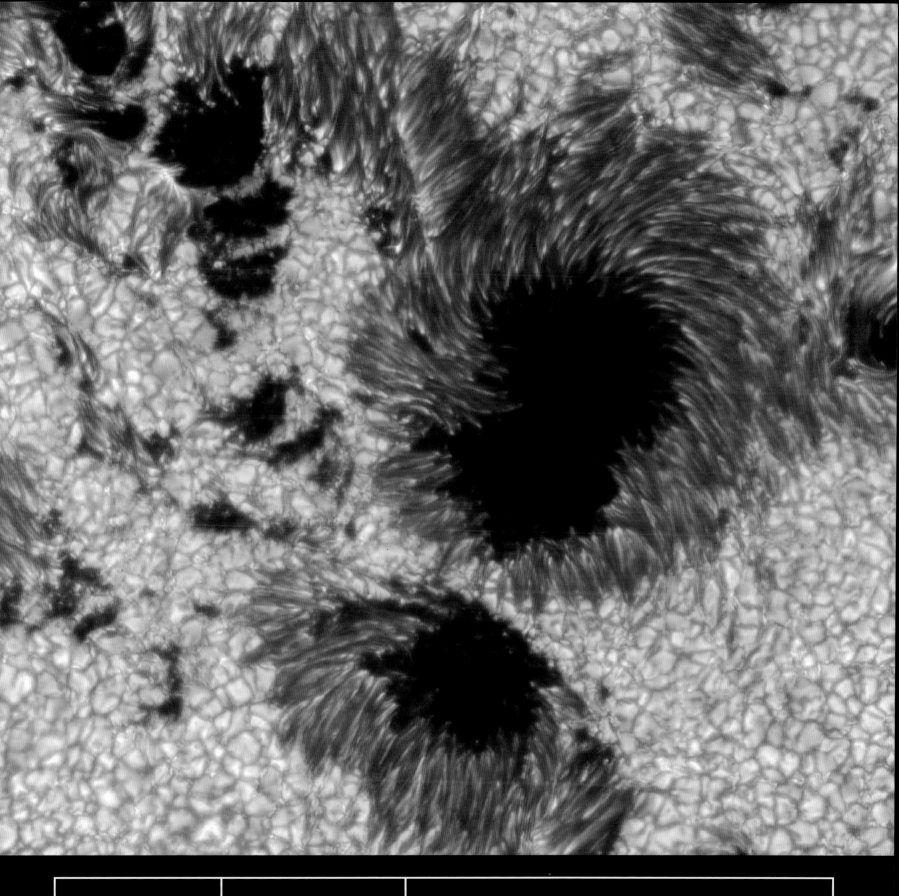

太阳

不规则的太阳黑子

表面特征

　　一般来说，太阳黑子都是成对出现且极性相反的——一个标志着磁场冲出光球的区域，另一个标志的则是重新进入的区域。然而在每个太阳周期的高峰时段前后，太阳磁场会因为过度扭曲而制造出一些模式特别复杂的黑子群。

距地球	太阳	太阳最壮观的活动就数日冕物质抛射了。从太阳大气中喷发出来的巨
1.496	日冕物质抛射	量物质裹挟着强大的磁场，横扫整个太阳系。当日冕物质抛射经过地球的时候，它会干扰我们行星的磁场、引发明亮的极光、损毁人造卫星的电子
亿千米	大气特征	设备，有时候甚至能造成大范围的电力中断。

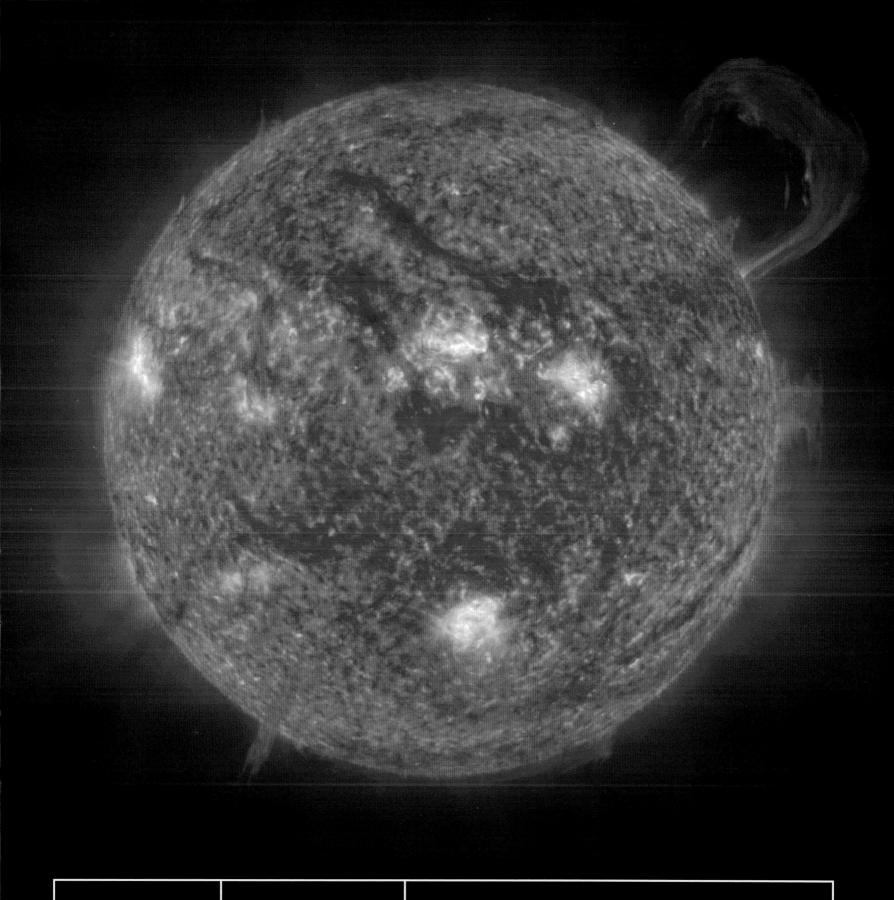

距地球	太阳	此幅由 TRACE 太阳探测器所拍摄的图片展示了太阳表面上的一个巨
1.496	耀斑	大耀斑。耀斑也产生于日冕中，但它所在的区域要低于引发日冕物质抛射的区域。然而引发它们两者的机制经常是相同的。当延伸至太阳外部很远的磁环突然在低层发生"短路"时，大量的能量就会被释放到太阳大气中。
亿千米	大气特征	

我们知识体系中的一些漏洞有望能被填补。

对地球观察者而言，观测水星是一个双重挑战，一是由于它实在是太小了，二是由于它太靠近太阳了。水星的一年只相当于88个地球日，因此在地球上进行观测时会发现，以如此速度飞快公转的水星从不会远离太阳。其结果就是，水星只会出现在晨曦或者暮光之中，而且永远只能透过一层厚厚的大气才能看到它——它永远不会出现在通透且黑暗的天空中。

尽管在太空时代之前，曾有些乐观的天文学家基于他们对水星的观测画过一些地图，但是他们记录的地貌特征与之后探测器飞掠水星时所拍下的照片迥然不同。事实上，在地球上唯一可见的水星现象就是类似我们观测月球时所看到的盈亏，而这个现象也恰恰意味着当水星完全被太阳照亮的时候，它正好处在离地球最远的公转轨道远端，此时想要观测水星是完全不可能的。

然而，将探测器发往水星也是一个极特殊的挑战。开普勒定律指出，一颗更接近太阳的行星，它的公转速度会比那些稍远一些的行星快得多——比如当地球以每秒约30km的速度公转的同时，水星则以每秒48km左右的速度公转。如果想要赶上水星并且试图进入环水星轨道，探测器需要额外地取得很大的速度，这对现在最先进的火箭来说仍旧是一项挑战。

为了将第一个探测器发射至水星，美国国家航空航天局（NASA）的工程师们被迫选择了一条捷径。他们知道，虽然不可能将水手10号加速至水星轨道，却可以令它进入一个公转周期为176天（2个水星年）的椭圆轨道，并且在此轨道的近日点和水星轨道相交。当水手10号进

击的、类似月球的世界出现在水手10号传回的照片里，人们从中发现了一些蛛丝马迹，揭露了水星那遥远且不寻常的过去。

但是水手10号看似完美的会合方案却有一个瑕疵。太阳的潮汐力会减慢水星的自转速度，类似于地球减慢了月球的自转速度。但是对水星来说，它的一天并不等于它的一年——它的自转速度正好等于一个水星年的三分之二（相当于58.7个地球日）。这就导致每次水手10号飞掠水星的时候，水星总是朝向同一个方位，因而总是同一面被太阳照亮，而另一面则永远处在不可知的黑暗之中。

尽管水星是我们的带内行星知识体系中的一个明显的漏洞，但是过了很长一段时间之后，行星科学家却才将注意力再一次投向水星。造成这一改变的其中一个因素是水星两极地区可能存在的冰。虽然这颗星球的大部分表面都被灼热的阳光加热至大约420℃，可是其两极地区仍有极少数常年都被阴影笼罩的环形山，很久以前彗星撞击所带来的冰有可能现在依然存在。

如今终于有一个新探测器开始了它的征程——信使号水星探测器。该探测器发射于2004年，将在2011年进入环水星轨道。为了完成达到水星公转速度这一壮举，探测器将展开一段非常漫长的旅程，包括两次近地变轨、两次飞掠金星，以及当水星以螺旋形的路径慢慢朝太阳靠近时，3次飞掠水星。当它最终进入环水星轨道时，它回传的科学数据无疑将彻底改变我们对水星的认知（信使号探测器已于2012年完成其主要任务，在继续执行完两个扩展任务之后，信使号耗尽燃料，并于2015年4月30日撞

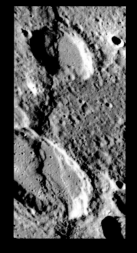

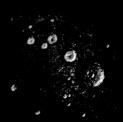

发现号端壁是众多蜿蜒于水星表面之上的悬崖中的其中之一，位于陡峭崖壁西侧的地区上下高差可达1km。端壁的存在被认为是水星曾收缩过的证据，水星一部分的地壳被挤压了上来，如此才能契合收缩而变小的表面积

此图片展示的是位于水星极地的环形山，而此地区恰恰是雷达反射图的亮区。水星几乎完全直立的转轴使这片环形山不会受到阳光的直射，所以固态水有可能存在于这些环形山的保护伞之下

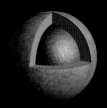

水星的内部构造十分奇特。固态铁所组成的巨大内核使这颗行星的密度十分巨大，内核外围包裹着地幔和一层由硅酸盐岩石组成的薄地壳

距太阳	公转周期	轨道离心率	直径	表面重力	自转周期	轴倾角	天然卫星
万千米	地球日		km	g	地球日		个

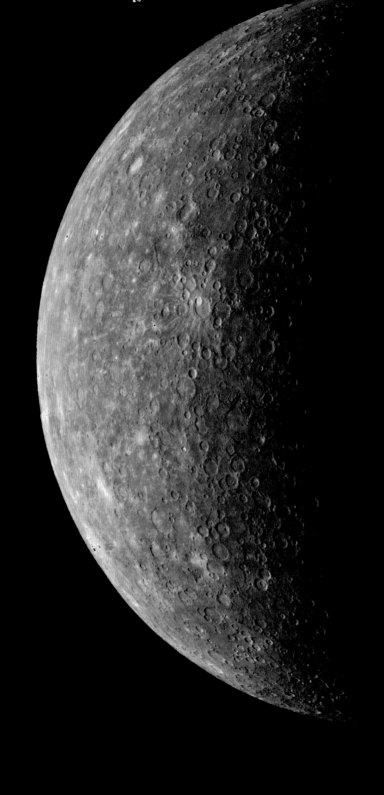

距太阳	水星	水星是大行星中最小的一颗，它的直径为 4875km，只比月球稍微大一些，它甚至比带外行星的某几颗巨大的卫星都要小。然而在与水星同等大小的天体之中，它的密度却是最大的——它的金属内核只稍小于地球的内核，这暗示了水星大量的地幔和地壳可能在早期的一次撞击之中被剥离了。
	水星的轮廓	
万千米	类地行星	

距太阳	水星	40 亿年前，在水星上发生了一次太阳系历史上最猛烈的撞击事件。一颗巨大的小行星以极快的速度撞向水星，冲击波殃及了水星的整个半球。这使得其内部的炽热熔岩从开裂的地表喷涌而出，填补了裂口。这次撞击所产生的巨大撞击结构就是卡洛里盆地。
5790 万千米	卡洛里盆地 撞击盆地	

揭开金星的神秘面纱

这个离地球最近的行星也是我们天空中除了太阳和月球以外最亮的天体。在金星离地球最近的时候，它的视直径比满月的 1/30 还要大。我们在地球上会看到被太阳照亮的金星表面随着行星的运动而变化，此现象被称为金星的盈亏。虽然人们用最小的天文望远镜也能清楚地看到金星的盈亏，但是在太空时代之前，金星一直是一个难以看穿的、谜一样的存在。那是由于金星被一层浓厚的大气笼罩着，它反射了 65% 的太阳光，从而完全遮蔽了金星的表面。

在人类展开行星探索的初期，金星就成为了首选目标，这是由于金星与地球之间最近的距离不到 4100 万千米。苏联在 1961 年向金星发射了金星计划（Venera）中的第一艘探测器，但是随后却发生了一系列故障。这使美国国家航空航天局在 1962 年 12 月发射的水手 2 号成为了首次完成飞掠金星任务的探测飞船。这艘探测器首次传回了近距离的金星照片，这仅仅让科学家们了解到，从近距离看金星的大气层和从地球上看很类似，同样是不透明的。然而，通过分析大气层的反射光线，科学家们了解到，组成金星大气的很大一部分都是二氧化碳，这也说明金星的气温一定非常高。

20 世纪 60 年代以降，苏联探测器开始更多地得到幸运女神的青睐。他们那时的探测目标包括：在金星表面着陆并传回地表照片，以及用雷达穿透云层并绘制地形图。尽管当时人们已经知道金星大气和地表的条件非常恶劣，但苏联工程师还是低估了其恶劣程度。金星 4 号，5 号和 6 号都在尝试穿过金星高层大气时失败了。金星 7 号可能是第一艘到达金星地表的探测器。然而在它着陆之后，由于信号干扰实在是太强了，以至于探测器不能回传照片。后期分析表明，探测器已能成功地传回恒定的温度和气压读数，这表示它已经停止了在金星大气中的下降。而从数据来

看，金星表面的大气压高达地球的 100 倍，温度则达 475℃。后来，更加坚固的金星号则确认了以上数据的真实性，并且终于传回了金星地表的照片——一派被炙烤过的火山岩景色。

雷达技术在揭开金星地貌的细部特征的过程中功不可没。紧随早期的金星号行星探测器，美国航空航天局在 20 世纪 70 年代和 80 年代开展了先驱者号计划，之后则开发了更为精密的麦哲伦号金星探测计划（1989—1994）。和早期只能分辨出一些低地和高地的雷达地图相比（最明显的便是在 0 度子午线附近），麦哲伦号采用了地球遥感观测卫星所使用的技术，故而可以绘制更为详尽的金星地图。麦哲伦号所收集的数据不仅包括地形的高度，还有地表的斜率、粗糙度或平滑度。它甚至可以探察出不同地区矿物构成的差异。后几页的许多图片都结合了由以上技术所提供的不同数据，以此为基础再进行三维化处理，从而让我们可以"看见"金星不同地区的特征以及其总体的地貌。而如果借由释放大气探测器或者着陆器来直接进行观测，以上这些特征和地貌就可能永远也不会为人所知了。

在金星探测沉寂了一段时期之后，一艘新的欧洲探测器在 2006 年进入了环金星轨道。不同于使用雷达技术的探测器，"金星快车"将使用尖端照相机来研究这颗行星。它可能不会像麦哲伦号那样制作出三维地图，然而它可以测量地表的温度变化（这可能标志了火山活动的分布与进行），而且它已经发现了一些金星之前不为人知的气象特征（欧洲空间局已于 2014 年 12 月宣布，由于燃料已被耗尽，"金星快车"计划就此终止。在此之前，"金星快车"已经完成了所有的计划任务，并且进行了四次扩展任务 ——译者注）。

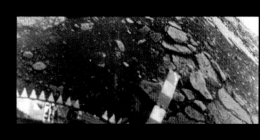

金星 13 号于 1982 年将首张具有划时代意义的彩色照片传回了地球。在图片里，棕色的地表上散布着破碎的片状火山岩。此探测器只在环境恶劣的金星表面运行了 127 分钟。

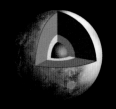

金星几乎与地球一样大，而且内部结构也相差无几。一层液态铁镍地核，一层非常厚的岩

距太阳	公转周期	轨道离心率	直径	表面重力	自转周期	轴倾角	天然卫星
1.082	224.7	0.006	12104	0.9	243	177.36°	0

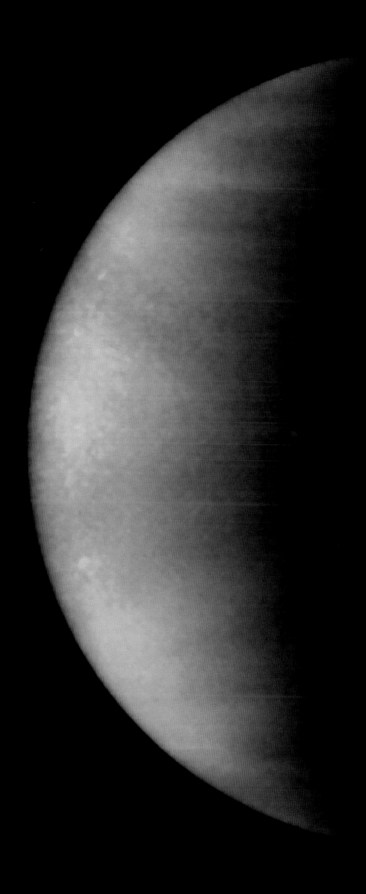

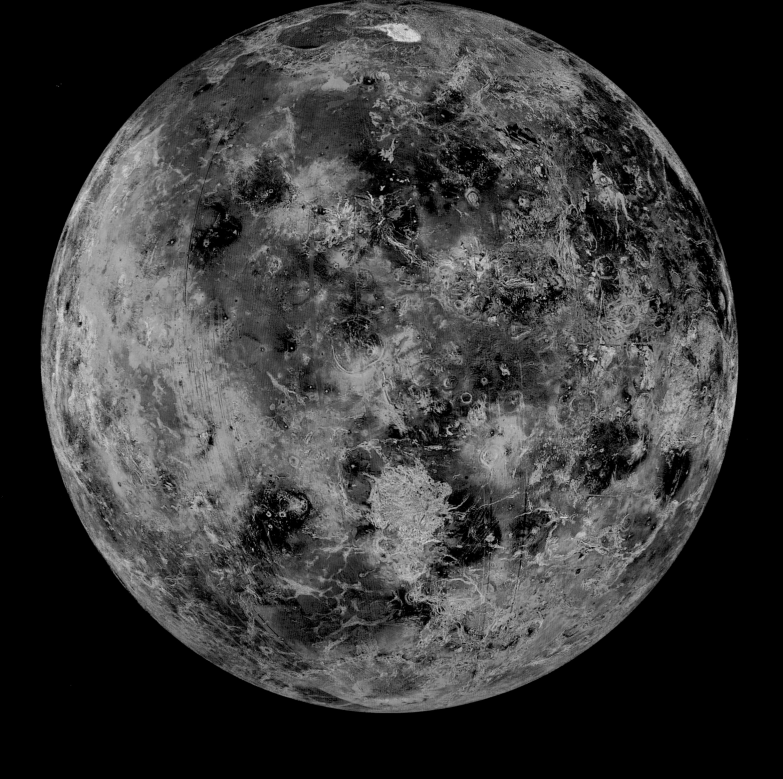

距太阳	金星	雷达技术是穿透金星浓密大气来得到地表细貌信息的唯一方法。此页以及后几页的金星全球地图是基于麦哲伦号、先驱者号和金星号探测器所搜集的数据而绘制的。在此图正上方，0度子午线穿过的地方就是伊师塔台地，这其中包括麦克斯韦山脉，其主峰高达11km
1.082 亿千米	金星0度子午线 类地行星	

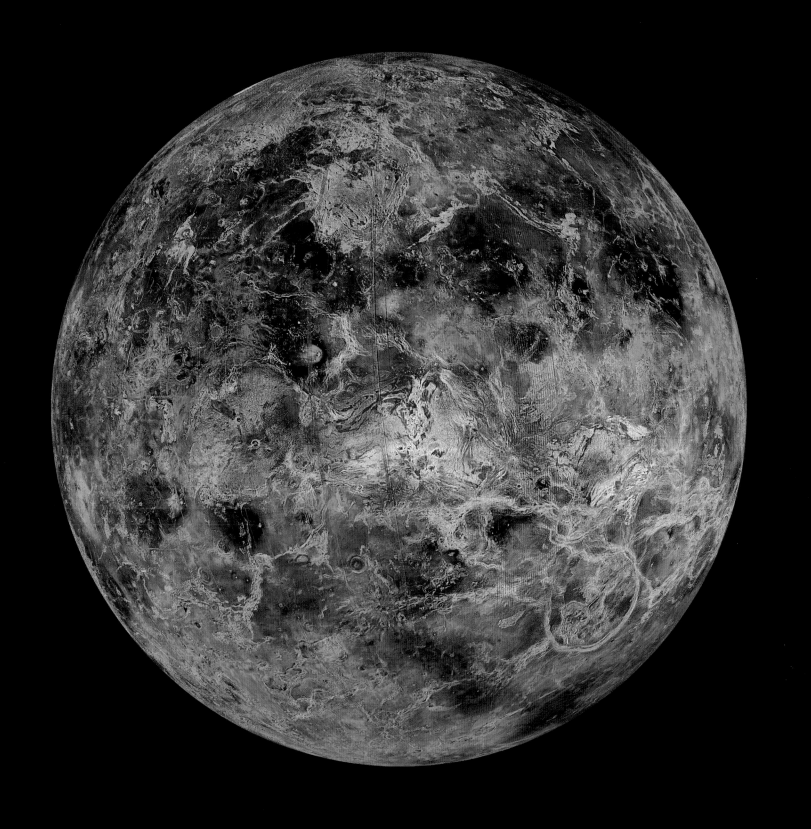

| 距太阳

1.082

亿千米 | 金星

金星 90 度子午线

类地行星 | 　　在这幅以金星 90 度子午线为轴心的地图上，最显眼的是一块被称为阿佛洛狄忒台地的巨大高地。这块地区的面积大概和亚洲一样大，金星上的许多著名山脉都在这里。在这几页假色图像中，蓝色代表海拔较低的地区，暗红色和白色是金星的高地，绿色区域的海拔则介于两者之间。 |

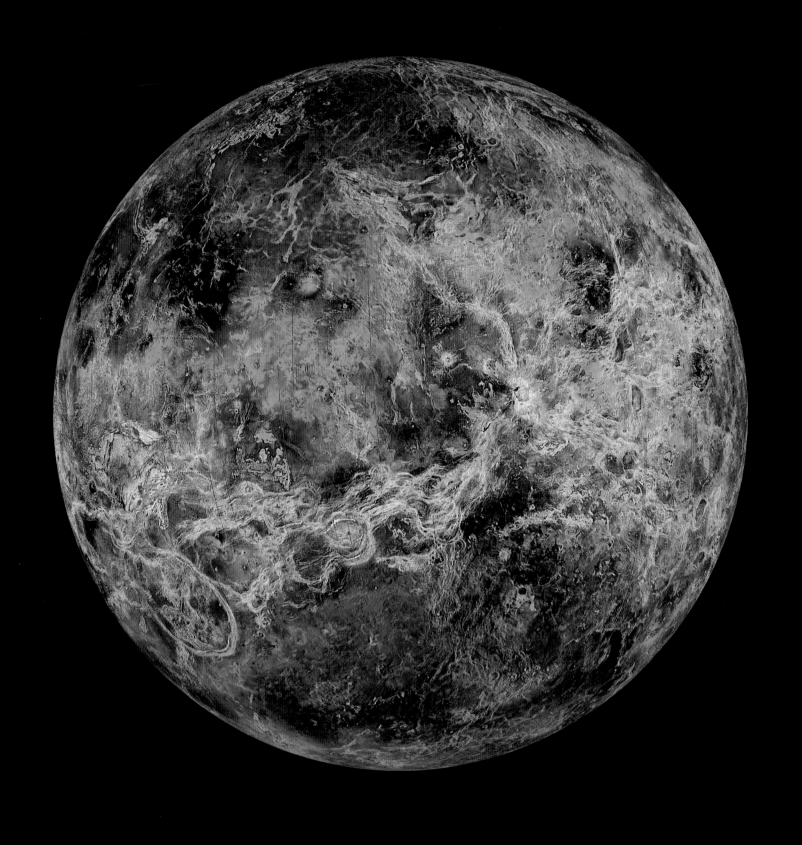

距太阳	金星	在这幅以 180 度子午线为轴心的地图中，赤道附近的大片蜿蜒曲折的结构被称为深谷。虽然现在的金星似乎没有像地球那样有剧烈的板块活动了，但是这些深谷却可能意味着在金星早期的历史中曾经有过板块活动，可是这种活动很快就停滞了。
1.082 亿千米	金星 180 度子午线 类地行星	

距太阳 1.082 亿千米	金星 金星 270 度子午线 类地行星	金星上的很大一部分都是低海拔至中等海拔的地区，高地只占很小一部分。通过统计低地地区的撞击坑数目并和高原地区的相比较，天文学家发现，低地地区（甚至有一些高地）在约 5 亿年前曾被大规模的火山活动抹平过。

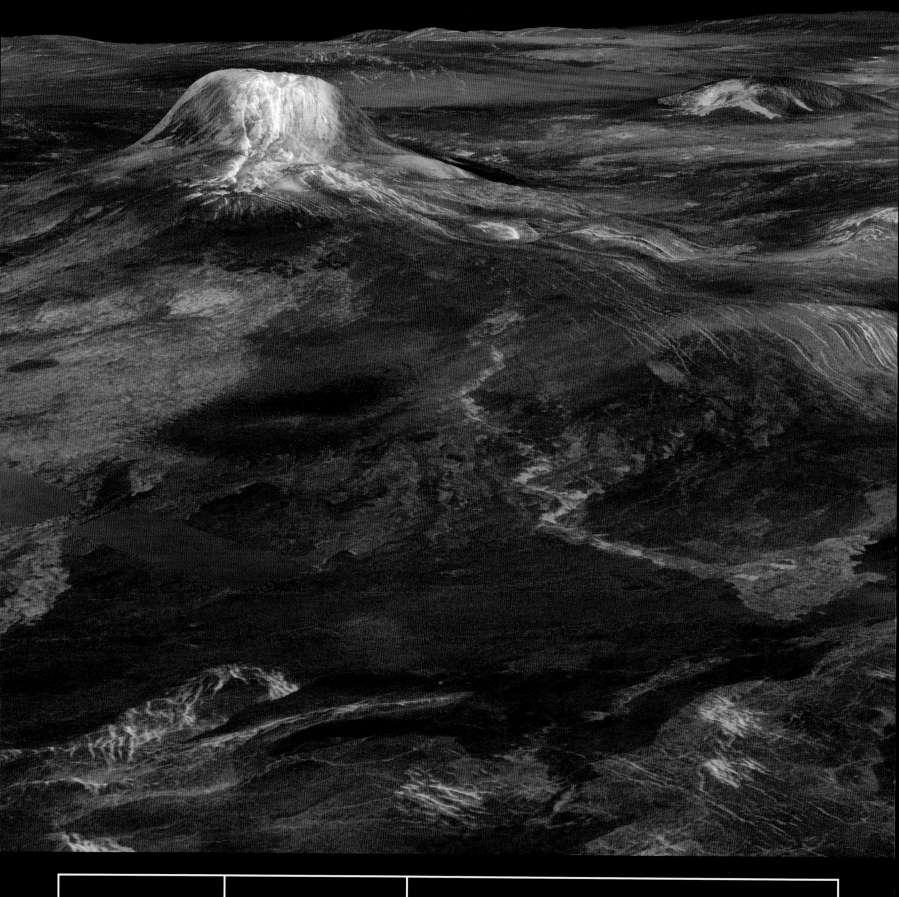

距太阳 1.082 亿千米	金星 艾斯特拉区 熔岩平原	此幅基于麦哲伦号采集的数据而重建的金星地貌图进一步验证了金星是一个火山的世界——它所有的地貌几乎都与火山活动有关。图中位于牛拉山（左侧）和西芙山（右侧）之间的是一片由冷固的熔岩构成的平原地区。此图放大了竖直方向的比例，以此来更直观地显示高度差异，但是这些火山实际上也有数千米高。

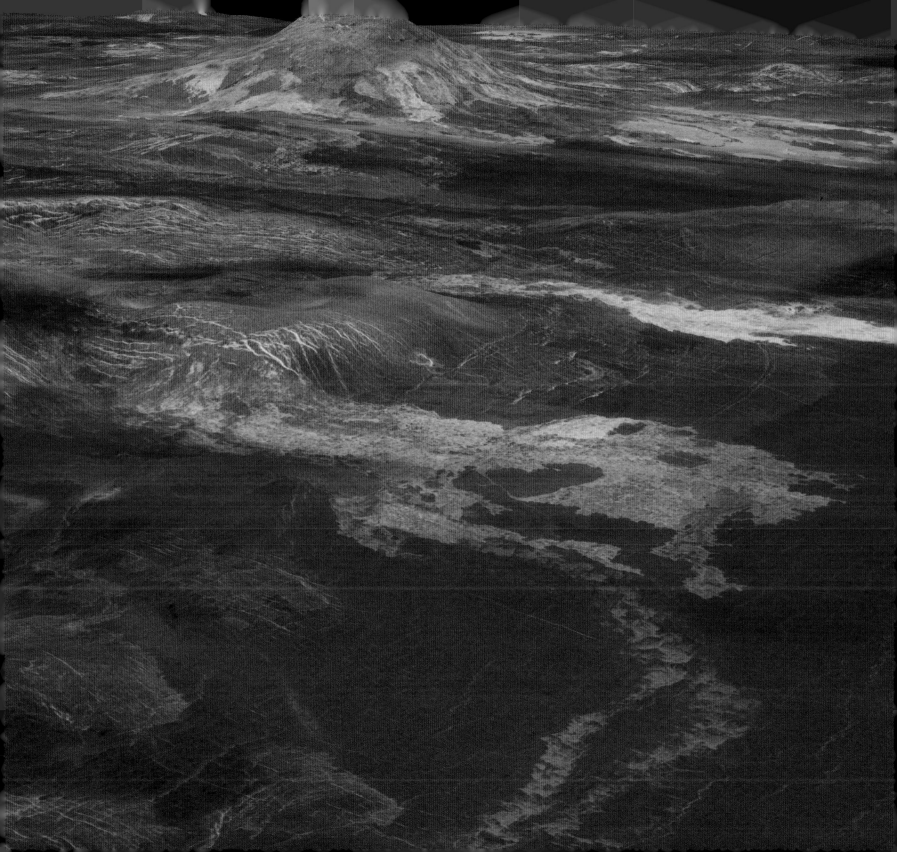

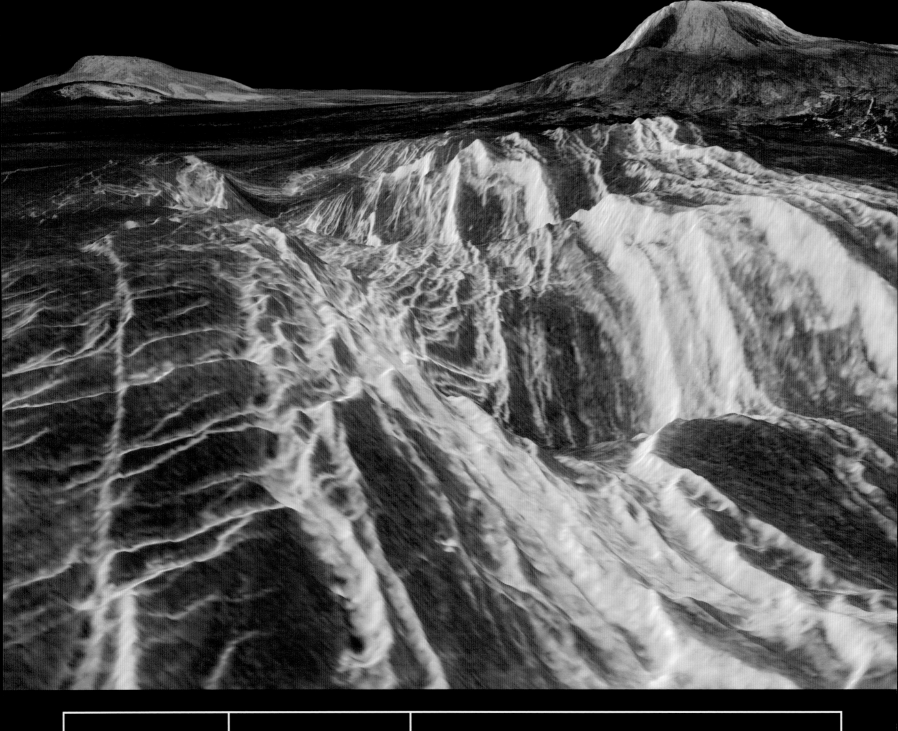

距太阳	金星	在地球上，由板块运动引发的火山活动使地心的热量不断地从板块边
1.082		缘释放出来，但是金星内部的热量却无法通过这样的途径得以释放。所以
	西芙山和牛拉山	每隔 10 亿年左右，这颗行星会产生"沸溢"现象，这是一段火山活动高度
亿千米		频繁的时期，它会抹去绝大部分先前的地貌特征。然而现在还无法确定，
	火山	西芙山和牛拉山究竟是否还是活火山。

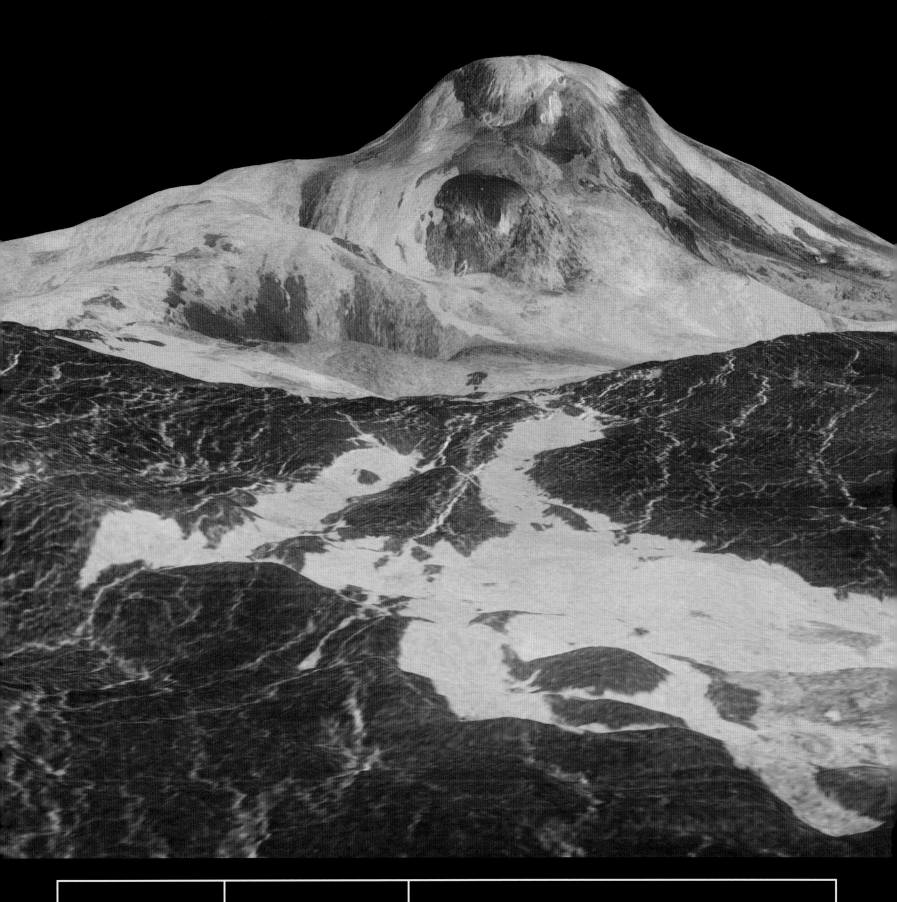

距太阳	金星	这幅马特山的图片将火山高度放大了 10 倍。事实上，此山峰比周围的
1.082	马特山	平原高出了 5000m。但是由于它的基部非常广阔（达数百千米），以至于它看起来非常平缓，不像一座陡峭的山峰。此图使用了麦哲伦号所采集的
亿千米	火山	数据，包括斜率、粗糙度和高度，但是其颜色只是一种有根据的猜测。

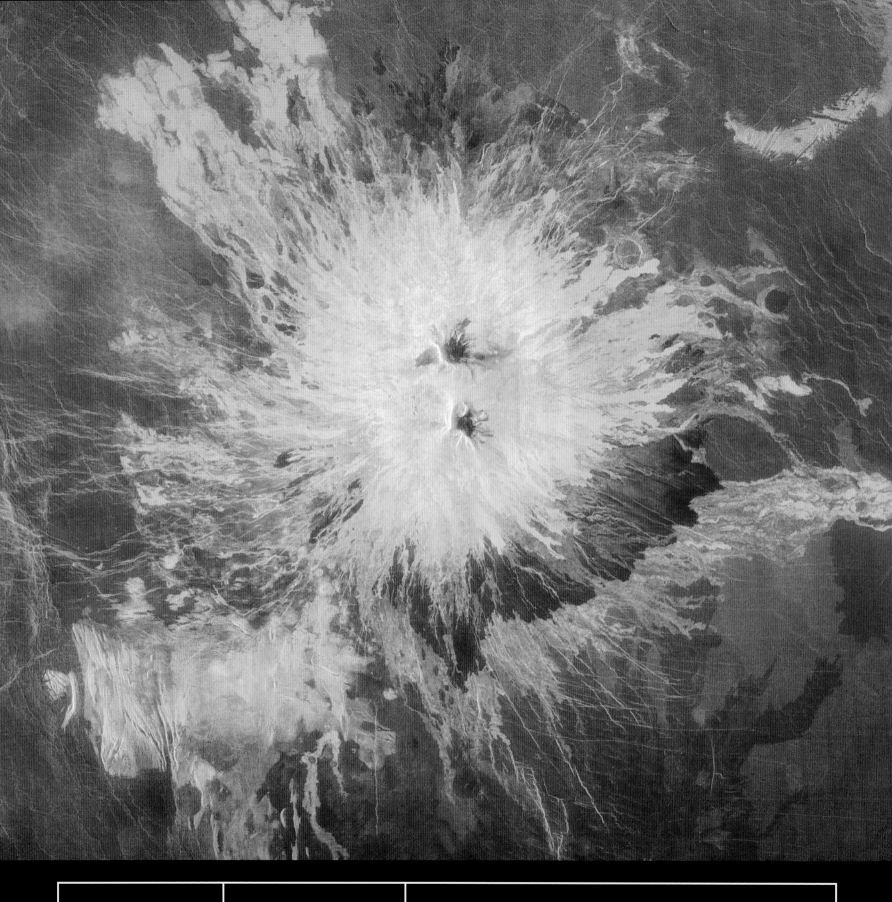

距太阳	金星	
1.082 亿千米	萨帕斯山 火山	这是麦哲伦号视角下的萨帕斯山。给图片上色是为了区分地形之间不同的粗糙度，由此便能显示不同熔岩流在火山周围形成的分层。靠近顶峰的黑点是平顶的方山，而不是破火山口——萨帕斯山大部分的熔岩似乎都是从山坡上的裂隙中喷发出来的。

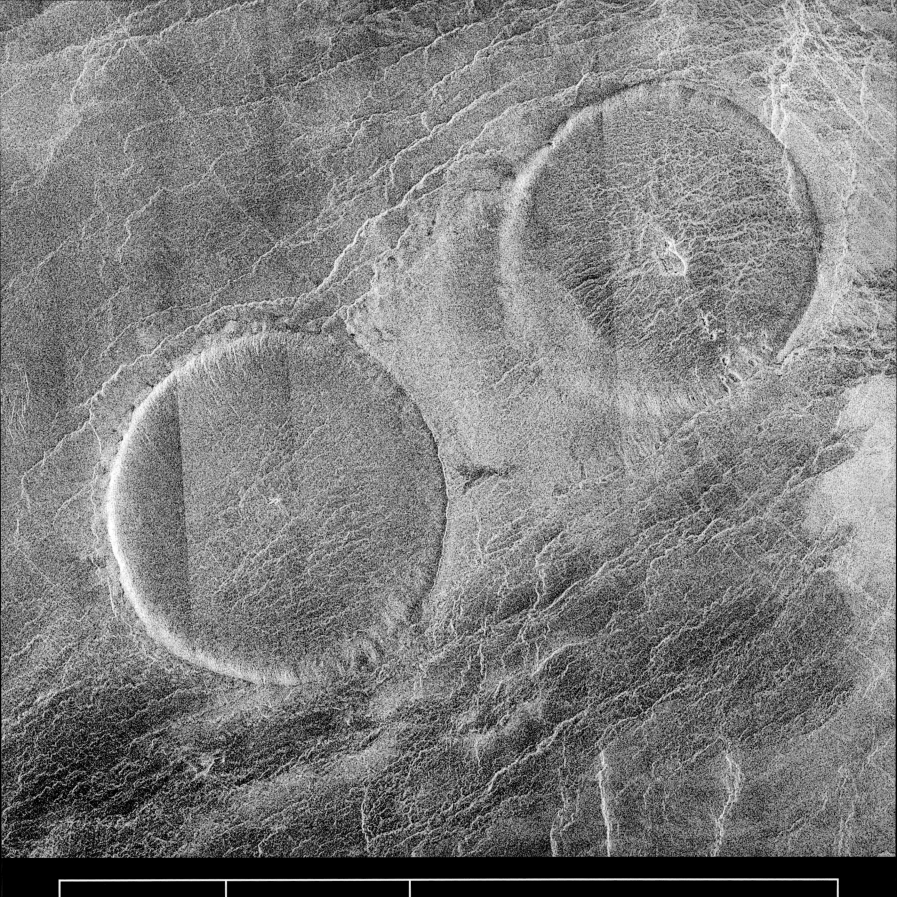

距太阳	金星	
1.082 亿千米	薄饼状穹丘 火山岩露头	俯视时几乎无法看出这样一个事实，这两个"薄饼状穹丘"其实是高出金星地表的。这两个位于艾斯特拉区的穹丘直径都是 65km，它们平整的顶部高出周围地区 1000m。学界认为，它们由慢慢渗出地壳裂缝的浓稠熔岩形成。而且在通过裂缝流走之前，这些熔岩就已经凝固了。

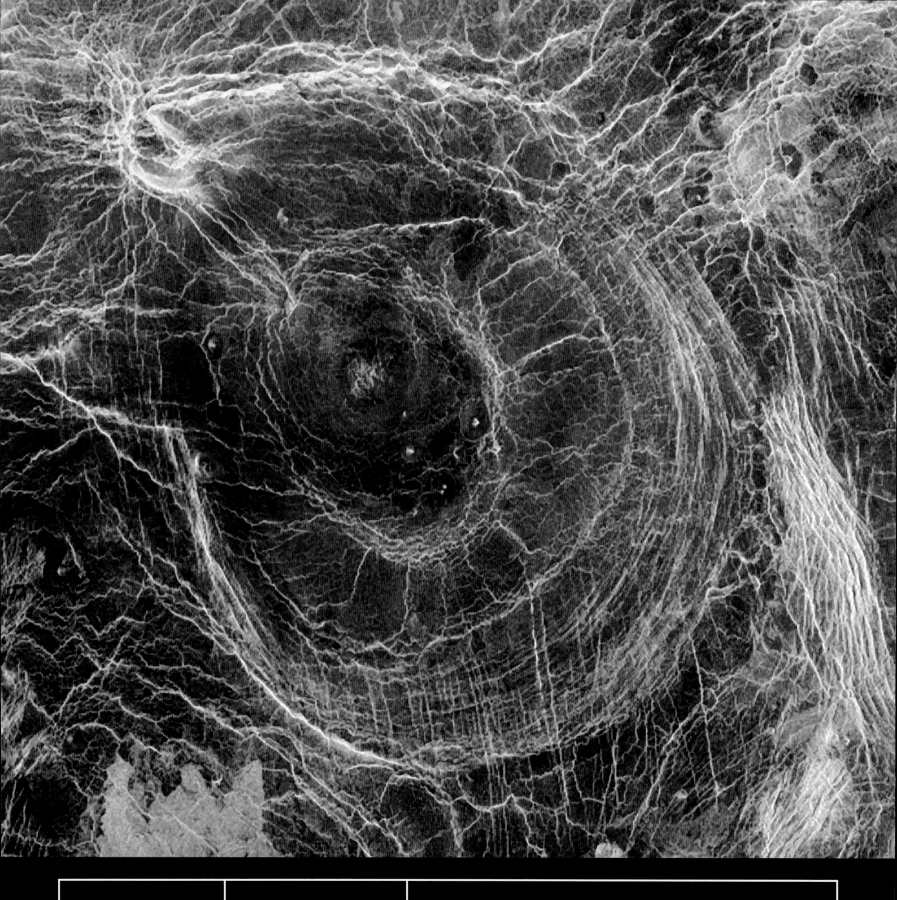

距太阳	金星	蛛网地形得名于它的外形——一些低于金星地表的、同心且呈辐射状的裂缝，它们构成了一个近似圆形、类似蜘蛛网的图案。这种地形的形成过程可能是这样的：首先，上升的岩浆迫使地壳向外膨胀并使地壳破裂；随后，它释放出的压力使地面下沉然后坍塌；最终，这种复杂的地形便形成了。
	蛛网地形	
亿千米	熔岩低地	

距太阳	金星	冕状物是一块凹陷的地块，周围环绕着一些近似同心圆的环状山脊。它形成的原因可能和蛛网地形一样，都经历了膨胀和坍塌的过程。位于图片左侧的是拉托娜冕状物，它的直径达 1000km。右侧的达利深谷大约有 3000m 深。学界认为，它很有可能是在行星的板块运动初期所形成的一条断层线。
1.082	**拉托娜冕状物和达利深谷**	
亿千米	板块特征	

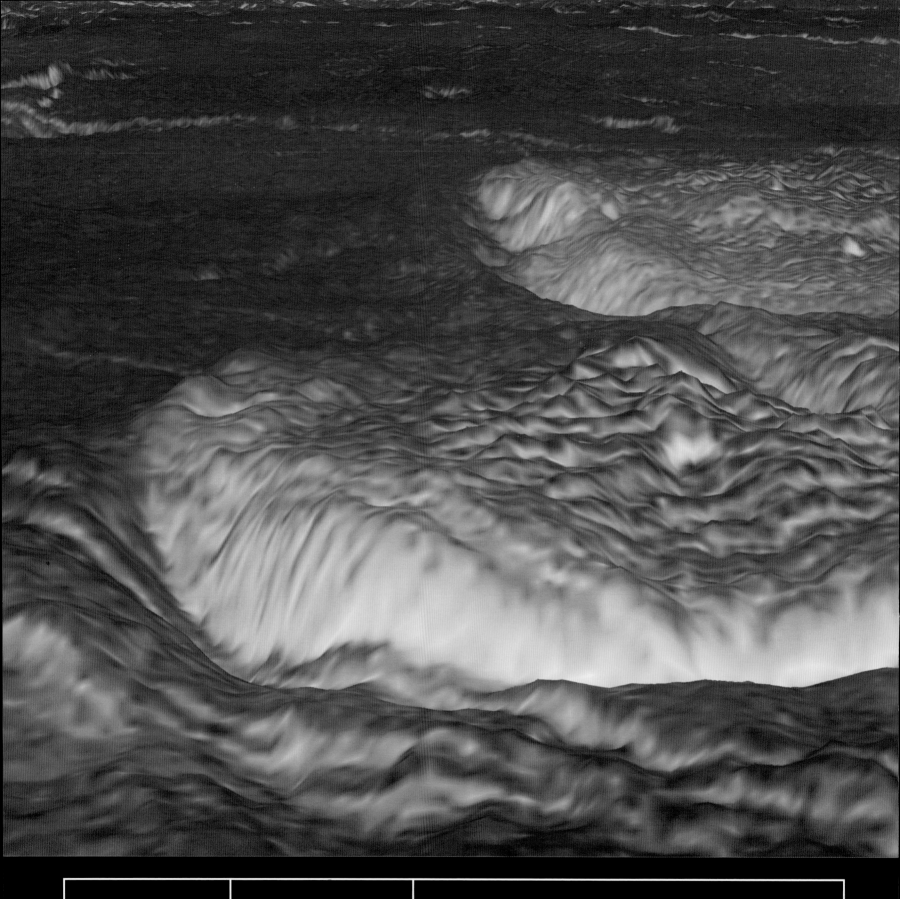

| 距太阳

1.082

亿千米 | 金星

薄饼状穹丘

火山岩露头 | 在这张三维化的图片中，我们可以看到位于阿尔法区之上的好几个薄饼状穹丘。同样地，其高度经过了放大处理，以便更好地分辨细节。每一个穹丘的直径大约有 25km，高度为 750m。穹丘顶部裂纹产生的过程可能是这样的：在穹丘形成的过程中，其下的熔岩突然消失或流走，从而导致了穹丘的下陷。 |

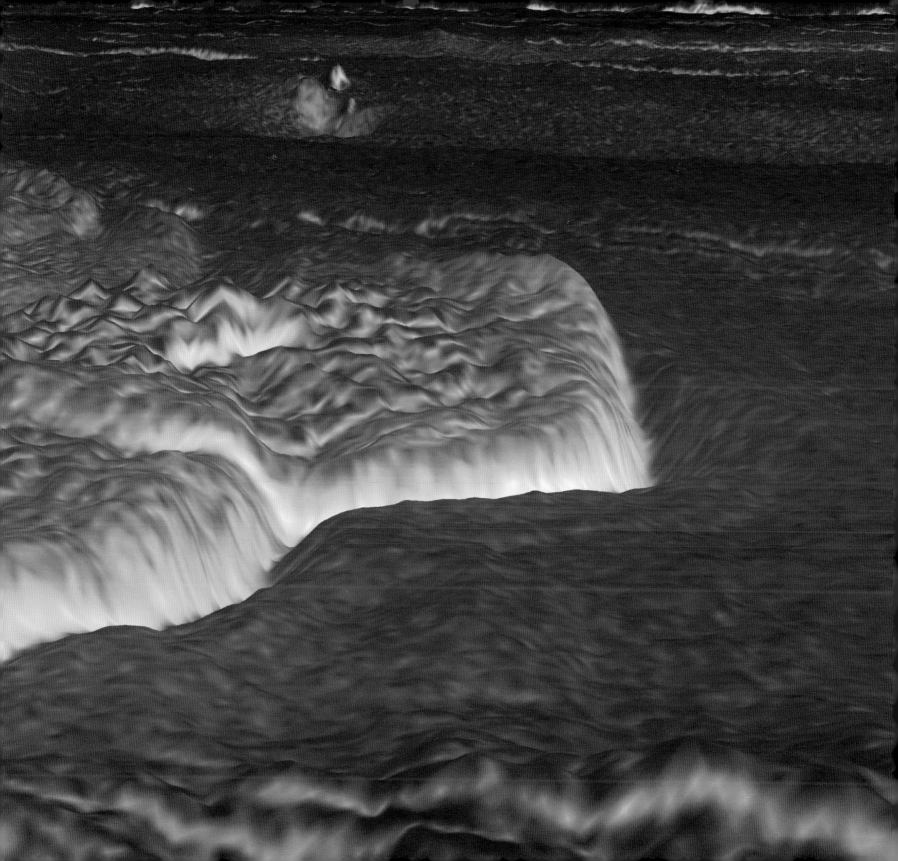

距太阳	金星	金星上的环形山非常稀少，但是都十分巨大——金星高密度的大气层会阻拦小型陨星，所以只有很大的流星体才会落到地表。即使如此，它们也会破裂成好几块小碎片，比如拉维尼娅平原上的这片于几百万年前形成的三联环形山，它们很可能就属于上述这种情况。
 亿千米	丹尼洛娃、豪和阿格莱奥妮丝环形山 撞击坑	

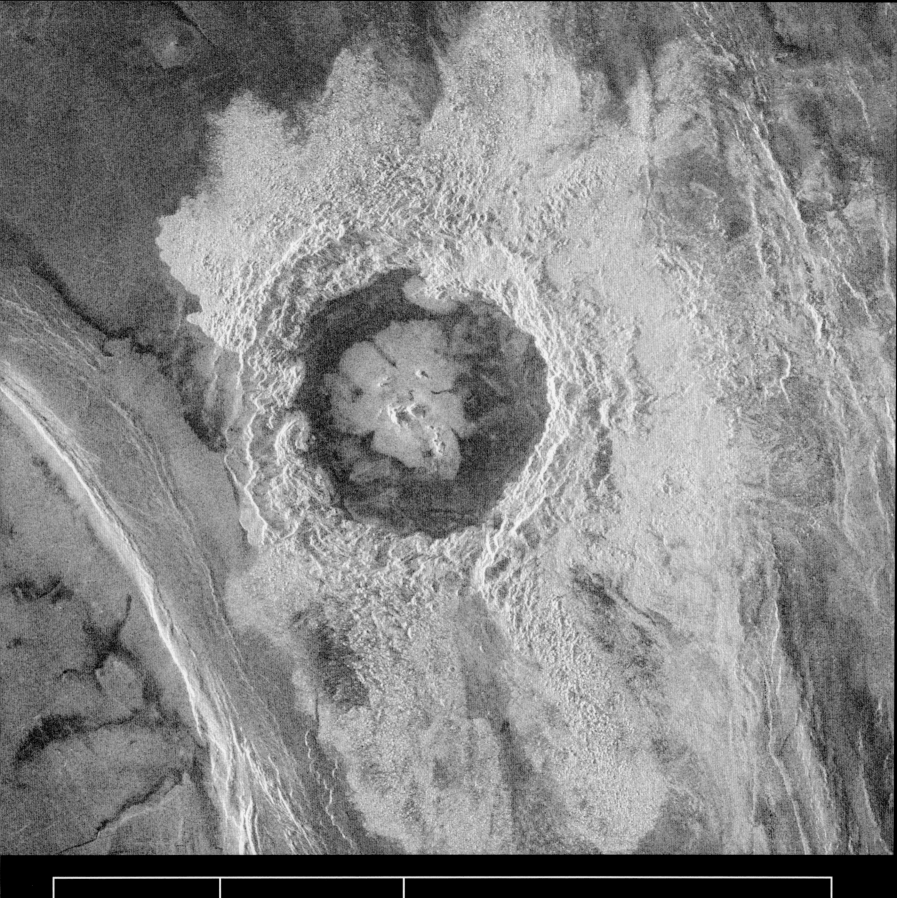

距太阳	金星	当撞击地点的物质被抛射入空中的时候，由于金星稠密的大气，它们无法飞行很远的距离，于是就被限制在了环形山边缘的"山丘"周围。环形山周围高起的部分会逆着陨星入射的方向溅散开去，从而揭示出陨星最初撞击的轨道。在图中的这个环形山上，撞击还引发了火山喷发，熔岩曾淹没了环形山底部的一部分区域。
1.082 亿千米	狄更生环形山 撞击坑	

地球——我们的家园

遥感卫星和太空探测器的诞生不但重塑了人类对太阳系大行星的认知，而且还转变了人类对自己居住的行星的看法。一个处于环地轨道高度的观察点，不论远地点还是近地点，都可以提供地球的全景图片。而对局限在地球某一地点来收集数据的科学家们而言，这无论如何也无法办到。同时，我们对其他行星和卫星的认知，已经从先前望远镜中模糊的盘面转变为了复杂的、变化的星球。这个转变为我们提供了一些比较的基础，以此我们可以判断究竟是哪些因素让地球显得如此特殊。

其中最明显的便是地球表面存在的大量液态水。虽然整个太阳系内有着巨大的 H_2O（水）储量，然而其中大部分都以"水冰"的形态存在。只有在地球上才有大量的液态和气态水。其中最主要的原因是地球位于太阳系的"宜居点"——它离太阳足够近，使地表能得到足够的热能；而同时又不是太近，否则水会全部蒸发进入太空。地球相对较厚的大气层也发挥了重要的作用，它像一层隔热的毯子，把地表温度稳定在一个适当的范围内，并且大气层的气压也降低了地表大量水体的蒸发速率。另一方面，地球能拥有这样的大气层还要归功于它巨大的体积和质量——假如地球引力比现在的小，那么大气层中的分子就更容易向太空逃逸，这样一来大气层会迅速变得稀薄。

地球和太阳系其他行星的另一项巨大区别是地球的地质构造。地球的地壳并不是一个完整的岩石球壳，而是独特地分为了众多的板块，有一些板块和大陆一样大。板块漂浮在地球的软流圈顶端——这是一层半熔融的地幔。它们在某些地方相互分开，在另一些地方则相互碾压，有时候还会碰撞在一起。板块相互之间的运动在不断地摧毁和更新地壳、制造山脉、引发火山爆发。尽管有一些天体也有古老的或者已经停滞的地

质构造活动的迹象，但是地球上的板块活动非常独特、它的动力来自地球内部的热能。这些热能一部分是地球形成之初残存下来的，另一部分则来自放射性元素的衰减过程。行星越大、这两者的影响力就越大，这也很好地解释了在地球上它们的能量如此强大的原因。地球上大量的水也似乎在板块移动中起到了润滑剂般的作用。

地球和太阳系其他行星的第三项巨大区别就是生命的存在。生命的出现大约也可以（至少部分地）归结于地表水的存在。液态水扮演了一个理想溶剂的角色，那些构成（碳基）生命体的有机化学物质能够在其中溶解并相互进行化学反应。在一个干燥的星球上，这样的化学物质也可能存在或者被输送到地表（比如经由一次彗星撞击），但是如果没有溶剂来增加它们的流动性，它们相互进行化学反应的可能性会大大降低。

冷战时期装载照相机的间谍卫星是后来遥感卫星的始祖，这些使用了大量科学技术的遥感卫星可以更多地收集下方星球的信息。有了卫星的帮助，我们现在可以监视全球的气象数据、研究气候变化的影响。我们可以绘制海床地图和板块边界，寻找地质特征：从地下水道到消失的古城。我们甚至可以研究全球植被的分布，发现大规模森林火灾和植被病害。卫星时代的到来，全方位地改变了我们对地球的认知。

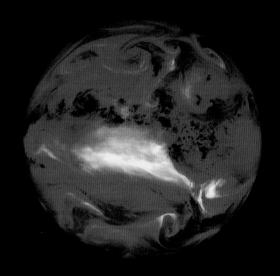

地球的大气层是一台在较热和较冷地区之间传输热能的巨大机器，一系列巨型对流圈将赤道地区的热空气传送至西极地区，而因地球自转而产生的科里奥利力（又称为地转偏向力——译者注）则形成了盛行风，这幅由卫星拍摄的红外水汽图展示的便是它们所造成的复杂循环模式

地球的地壳绝大部分由硅酸盐岩石组成，它的厚度只有数十千米，下面则是由固态但处于流动中的岩石构成的地幔，中心为铁和镍构成的内核，内核外圈为熔融状态，内部则为固态

距太阳	公转周期	轨道离心率	直径	表面重力	自转周期	轴倾角	天然卫星
1.496	365.25	0.016	12756	1	23.93	23.45°	1
亿千米	地球日		千米	g	小时		个

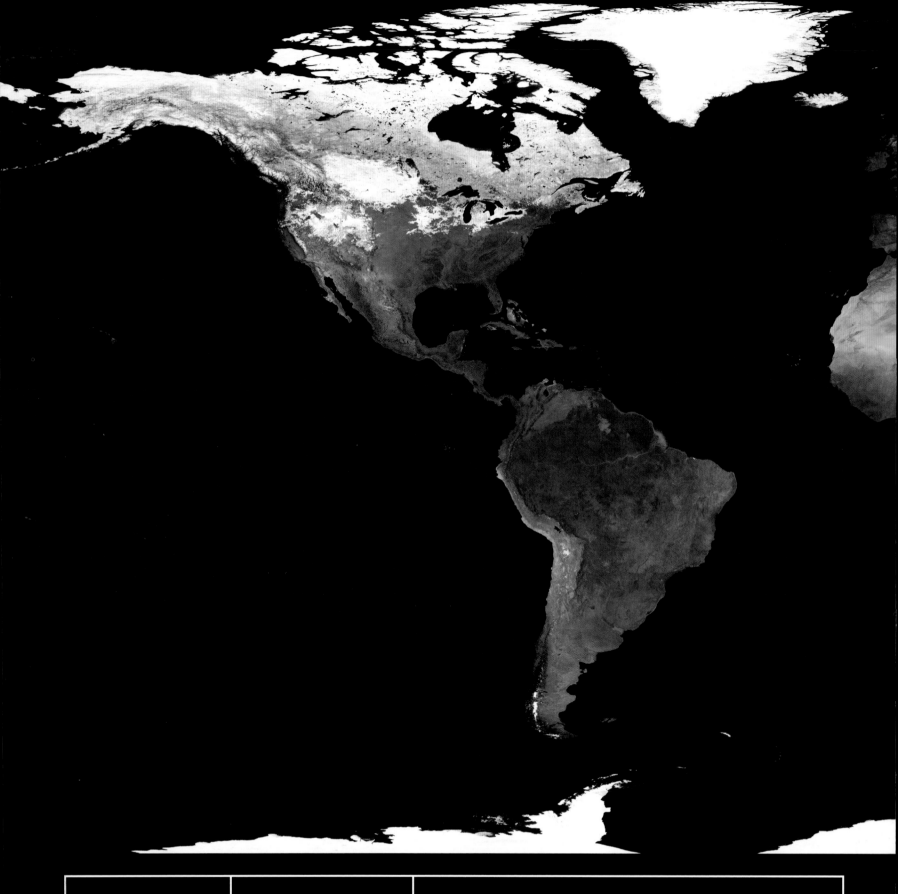

距太阳

1.496

亿千米

地球

去除云层的地球

类地行星

美国国家航空航天局制作的这张地球的拼接照片，显示了我们的行星被水所覆盖的面积，这也是太阳系中的一个特例。也难怪制作这张图片的团队会亲切地称呼我们的行星为"蓝色弹珠"。需要注意的是，此幅地图的高纬度地区相对于低纬度地区是被横向拉伸开的，这是因为这张地图采用了等距圆柱投影的绘制方法。

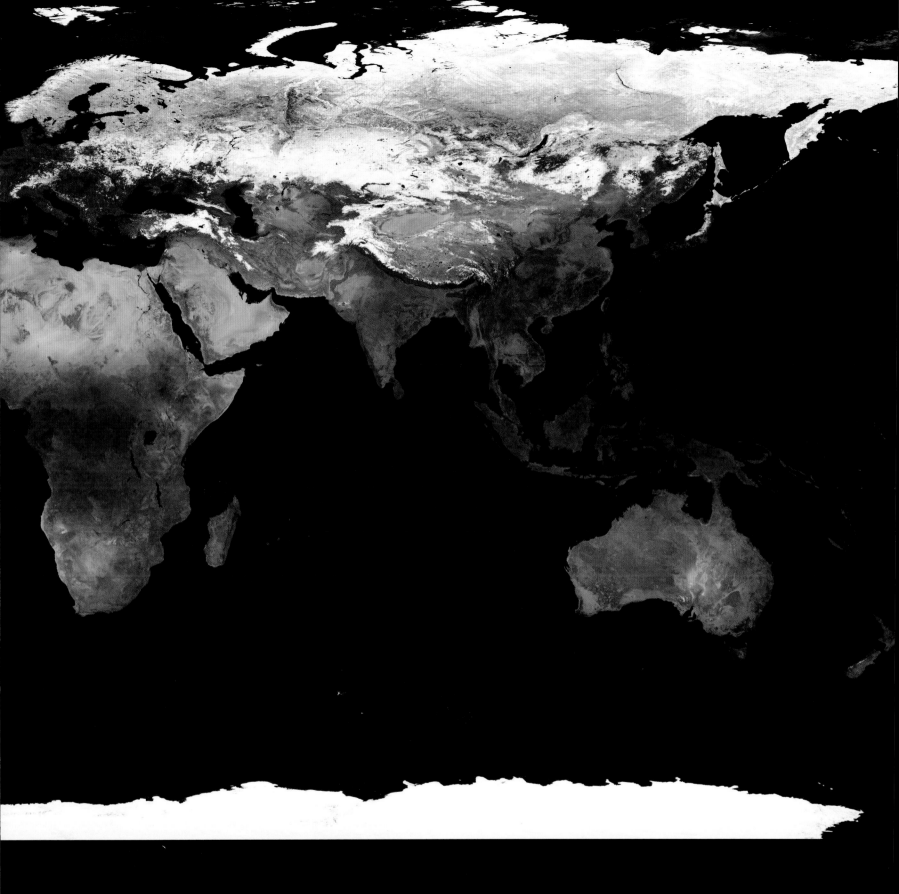

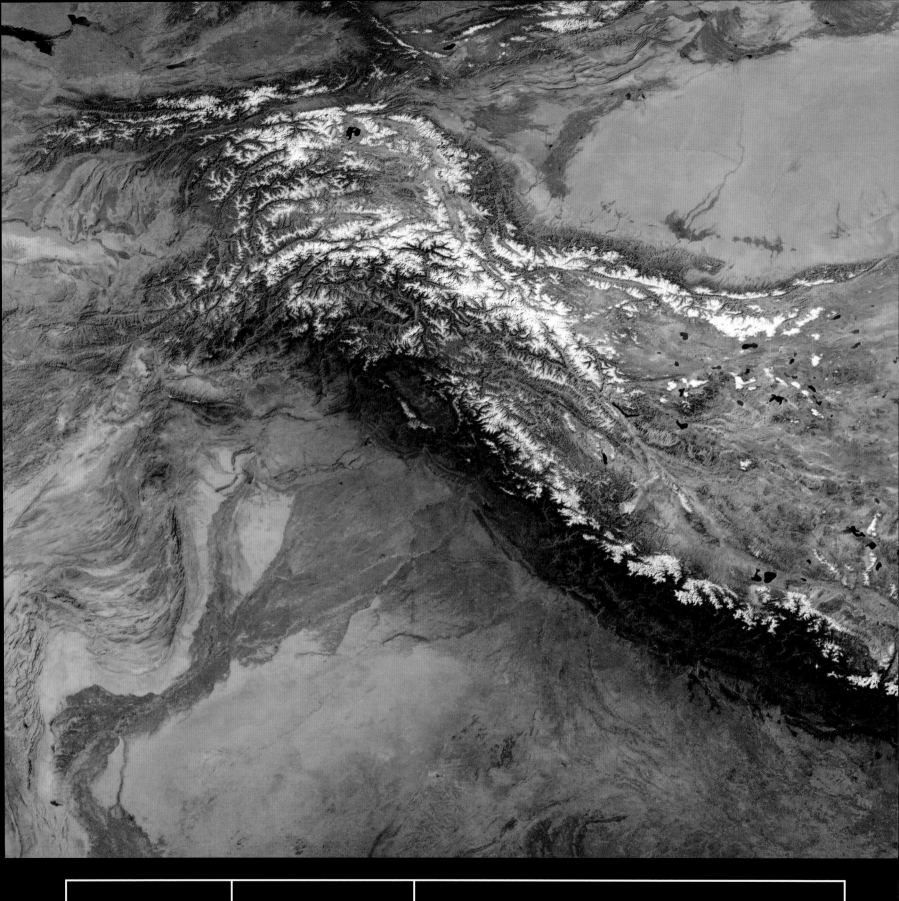

距太阳 1.496 亿千米	**地球** 喜马拉雅山脉 构造山脉	由于板块漂移，在过去的5000万年间，印度次大陆不断地向亚洲大陆挤压，使印度板块的北缘产生了褶皱并且向上抬升，从而形成了喜马拉雅山脉。此地区的地壳插入地下的部分远远大于露出地表的部分，就好似冰山在水底和水上部分的比例。只有这样，地壳才能支撑起高耸的喜马拉雅山脉和青藏高原（位于图片中间）。

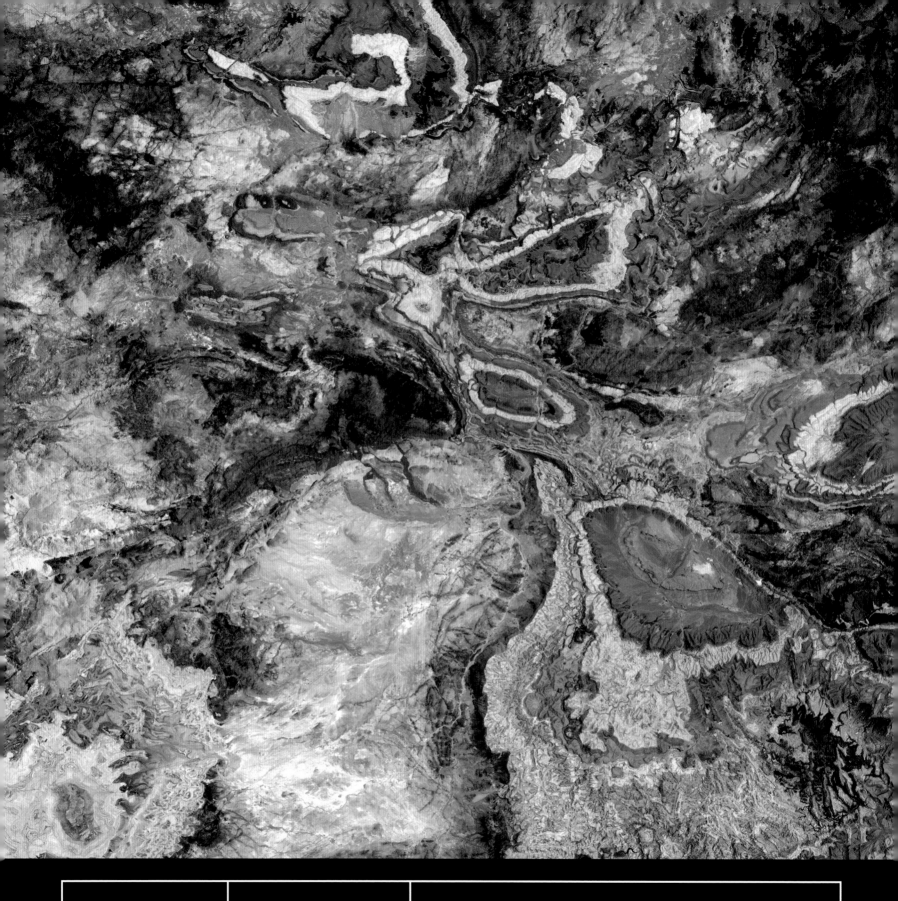

距太阳

地球

1.496

阿特拉斯山脉

亿千米

构造山脉

这幅照片由陆地卫星 7 号拍摄，其中令人眼花缭乱的色彩由不同的矿物所致。位于北非的阿特拉斯山脉是非洲和欧洲大陆在过去 6000 万年间不断碰撞的产物。但图中的小阿特拉斯山脉还残存着更古老的山脉的痕迹，这些痕迹意味着在上述造山运动之前，这里还全程经历了一次从向上抬升到逐渐被侵蚀的过程。

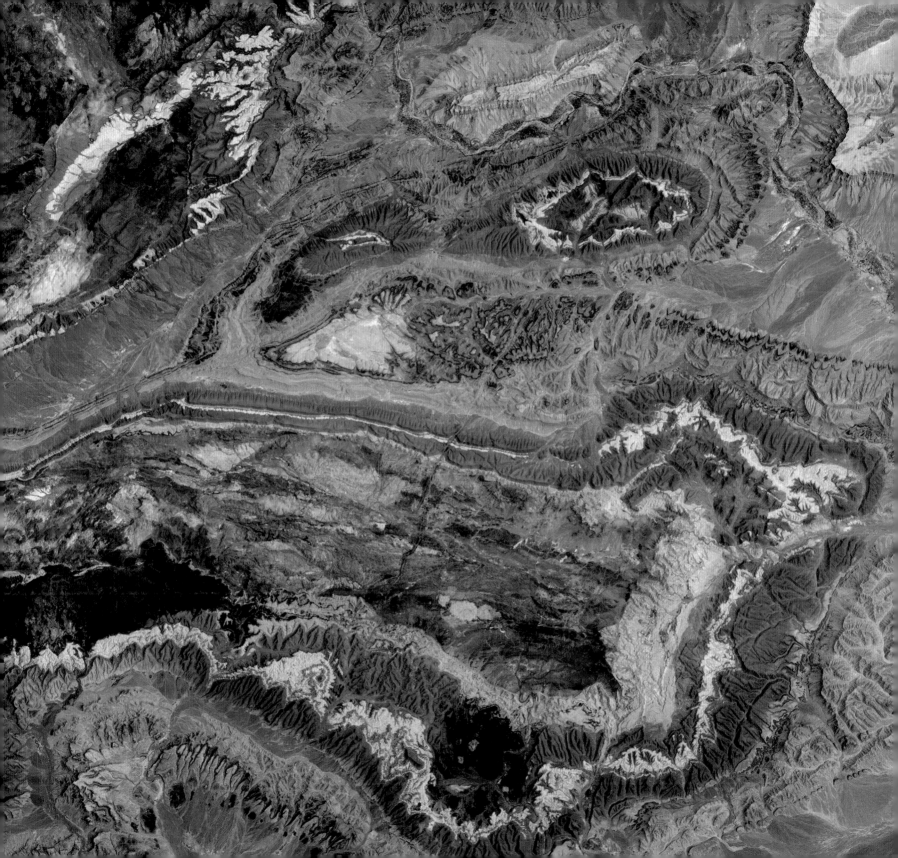

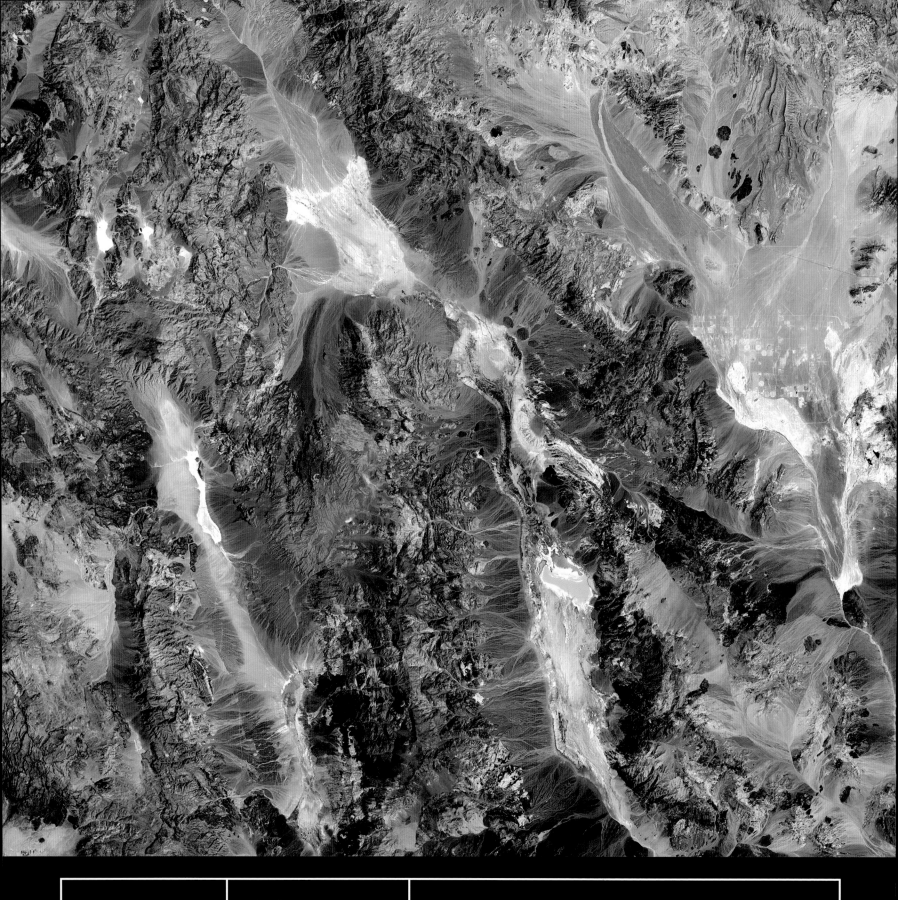

距太阳	地球	位于加利福尼亚的死亡谷是世界上最炎热、最干燥的地区之一。植被只沿着一系列山脊平行生长，而山脊之间的山谷则干燥异常（图中蓝色区域为已经干涸的盐盘）。死亡谷所在的地区位于北美洲板块被拉伸的区域，此区域断裂为几个平行的区块，之后这些区块向一侧"倾倒"，从而形成了这种"之"字形的地貌。
1.496	死亡谷	
亿千米	构造断层	

距太阳	**地球**	照片中是位于智利北部的安第斯山脉，其鲜艳的颜色是火山活动造成
	潘帕卢斯萨尔	的，植被（红色部分）则沿着火山锥的侧沿生长。安第斯山脉代表另一种
		造山运动的方式——位于南太平洋的纳斯卡板块俯冲进南美洲板块之下，
亿千米	火山山脉	并且在上层地幔融化。此过程所释放出的能量创造了这一长列的火山山脉。

生命可以存在于地球上最匪夷所思的地区，但是没有一个地区的生物多样性能比得上这片位于赤道附近年降雨量超过 2000mm 的雨林。亚马孙盆地（图中所示）的占地面积相当于美国本土面积，略小于中国本土面积，它是至少 14000 种珍稀植物和不计其数的动物的家园。

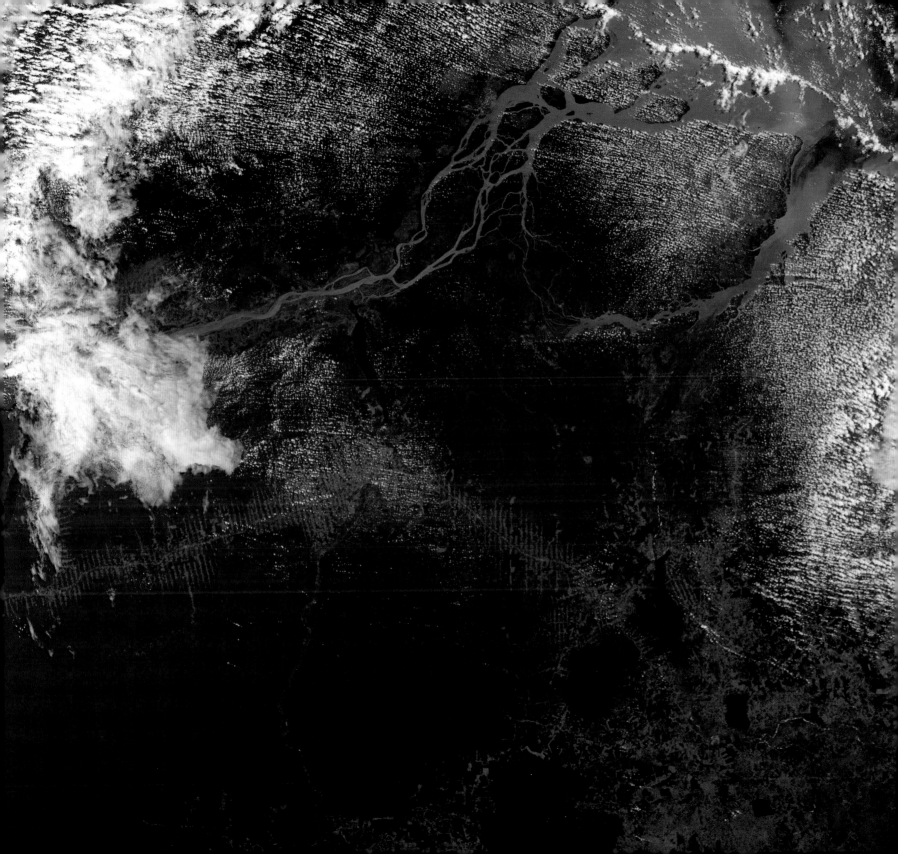

距太阳

1.496

亿千米

地球

白令海峡

水体特征

水以三种形态存在于地球表面——液态水、水蒸气和冰。漂浮在北冰洋上的巨大冰盖在图中所示的区域中碎裂为众多大大小小的冰山，随波逐流地漂过位于西伯利亚和阿拉斯加之间的白令海峡。冰盖会随着季节的变化而消长，这种消长在北极圈和南极圈内最为明显。

距太阳	地球	在远离两极的地区，永久性冰盖只存在于高海拔地区——只要那片区域的冬季降雪在夏季不会完全消融即可。巴塔哥尼亚冰原覆盖在南安第斯山脉之上，它是地球陆地上的第三大冰盖，仅次于南极冰盖和格陵兰冰盖，但是，它只是末次冰期覆盖在南美洲之上的巨大冰盖所残留下来的一小部分。
	巴塔哥尼亚冰原	
亿千米	水体特征	

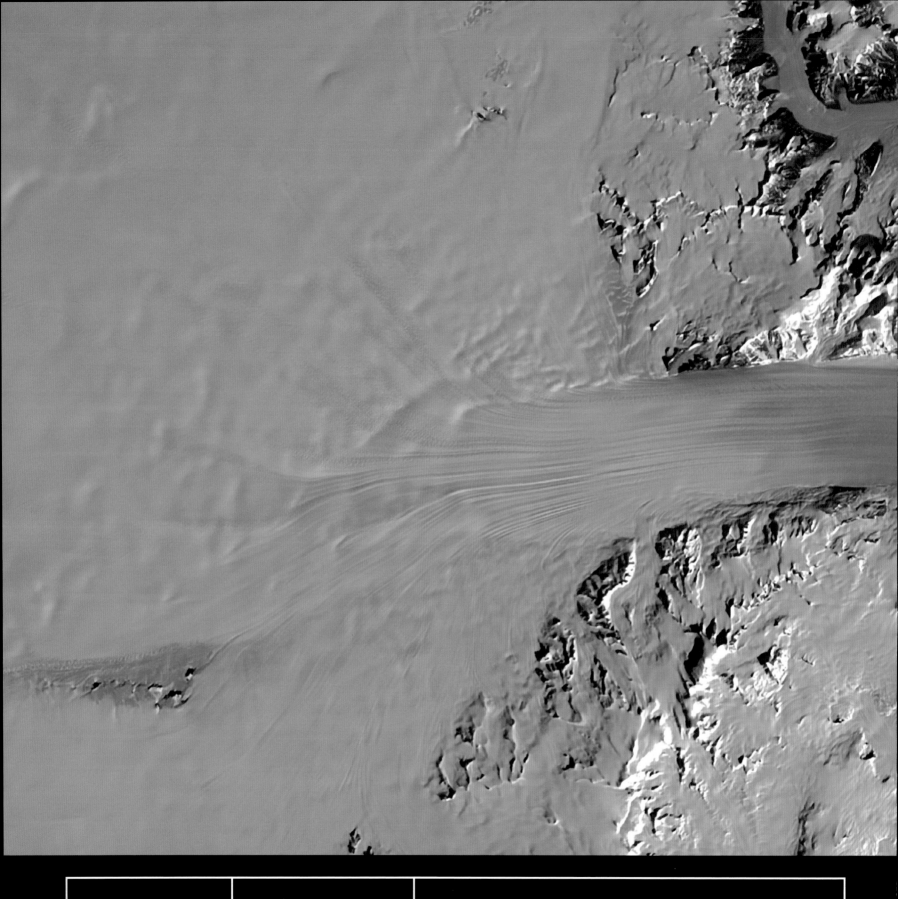

距太阳	地球	在地球上，冰川并不是固定的，它会由于自身的重量而缓慢流动。图中是位于南极洲的伯德冰川，它横贯在南极山脉之上，缓缓地移动。这条宽24km，长160km的宏伟"冰河"以每年0.8km的速度从高耸的南极高原向着一块巨大的浮冰（即罗斯冰架）流动。
1.496 亿千米	伯德冰川 水体特征	

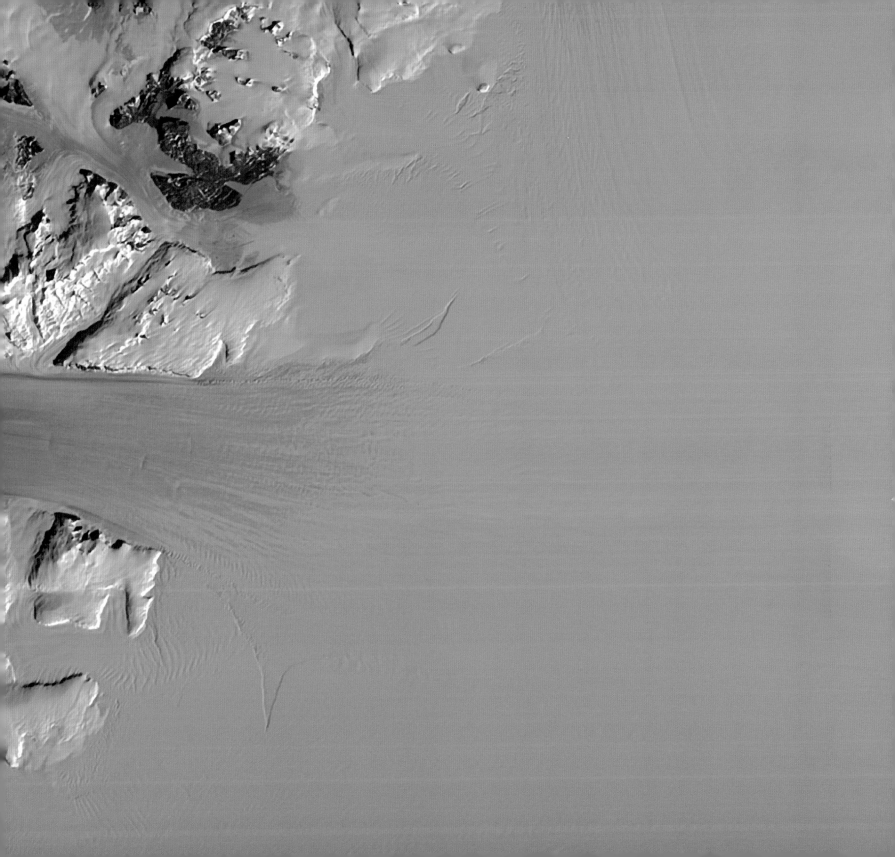

距太阳	地球	这幅乍看之下如同抽象画一般的图片其实是一大片星状沙丘。它产生于东部大尔格——一片位于突尼斯南部的撒哈拉沙漠中的区域——的多风向环境中。撒哈拉沙漠是地球上最大的沙漠，它的总面积约等于中国本土面积。然而它不像大多数人类所居住的环境那般富庶，沙漠都出现在年降水量非常低的地区。
	东部大尔格	
亿千米	沙漠	

距太阳	地球	几世纪以来，阿拉伯半岛缓慢但持久的单向风塑造了这些新月形沙丘。不那么坚硬的岩石受到风化和侵蚀的作用而变成沙粒，并不断地在沙漠中堆积起来。照片中的独特色彩代表了两个不同的沙层——蓝色的是富含盐分的沙层，它们被更干燥的黄色沙层所覆盖，但是不断地推进沙丘前进的风又再次将它们暴露在空气中。
1.496 亿千米	鲁卜哈利沙漠 沙漠	

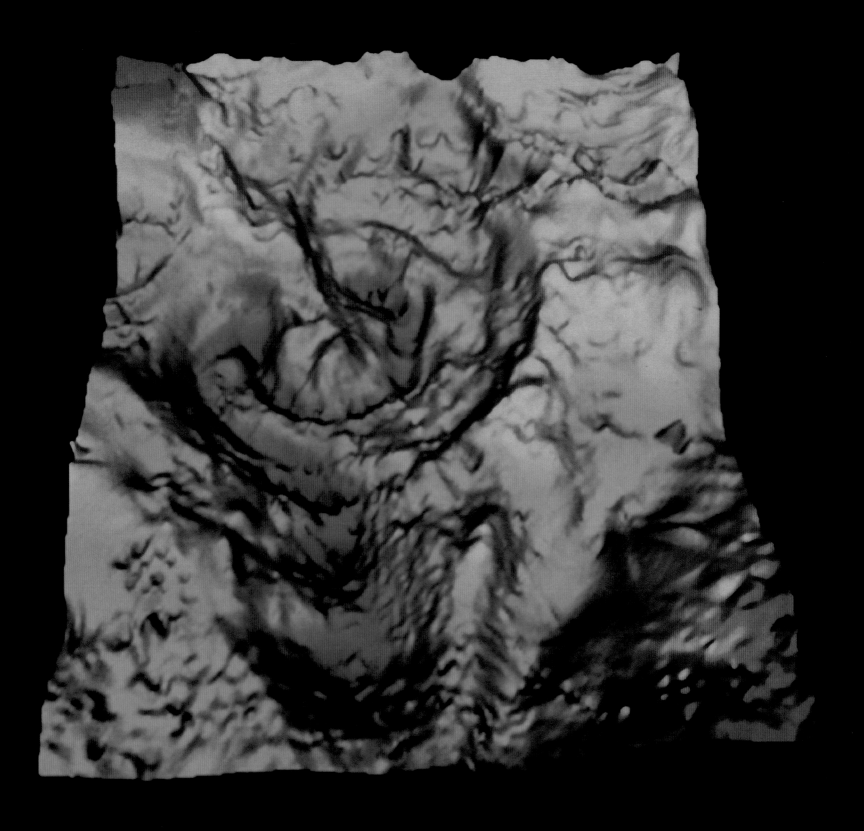

距太阳	地球	地球的大气层可以保护地球免受宇宙中小流星体的侵扰，但是在面对偶尔到达地球的巨大流星体时却无能为力。6500万年前，一颗直径为10km的陨石撞击了现在的墨西哥湾，形成了一个240km宽的陨石坑。这次撞击很可能导致了恐龙的灭绝。如今，此陨石坑深埋在沉积物之下，只有通过测量磁场和引力场才能一睹其真容。
亿千米	奇克苏鲁布陨星坑 撞击坑	

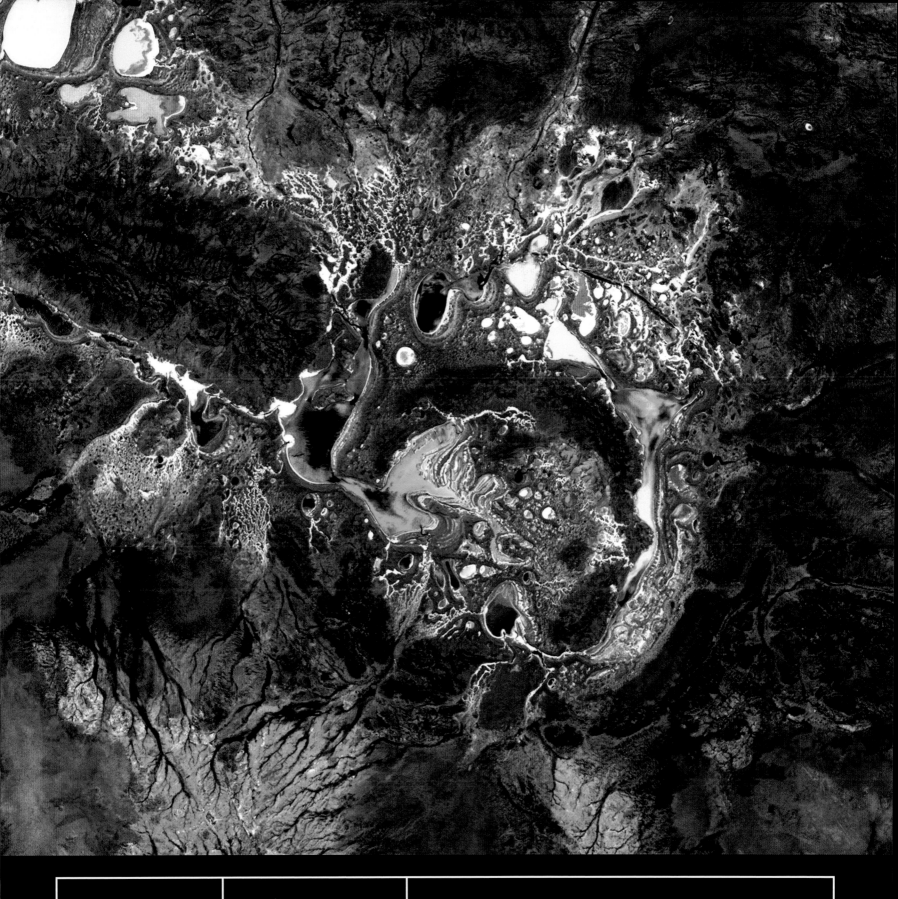

距太阳	地球	在这幅看起来如同画家的调色盘般的卫星照片中央，舒梅克陨星坑显
1.496	舒梅克陨星坑	现在我们眼前。它非常古老，但完好地留存在澳大利亚西部的沙漠之中。在 17 亿年的漫长岁月中，它的形状已经完全被侵蚀了，如今它的直径为 30km，然而。舒梅克陨星坑里里外外的湖泊所产生的矿物质沉积造就了其
亿千米	撞击坑	鲜艳的外貌。

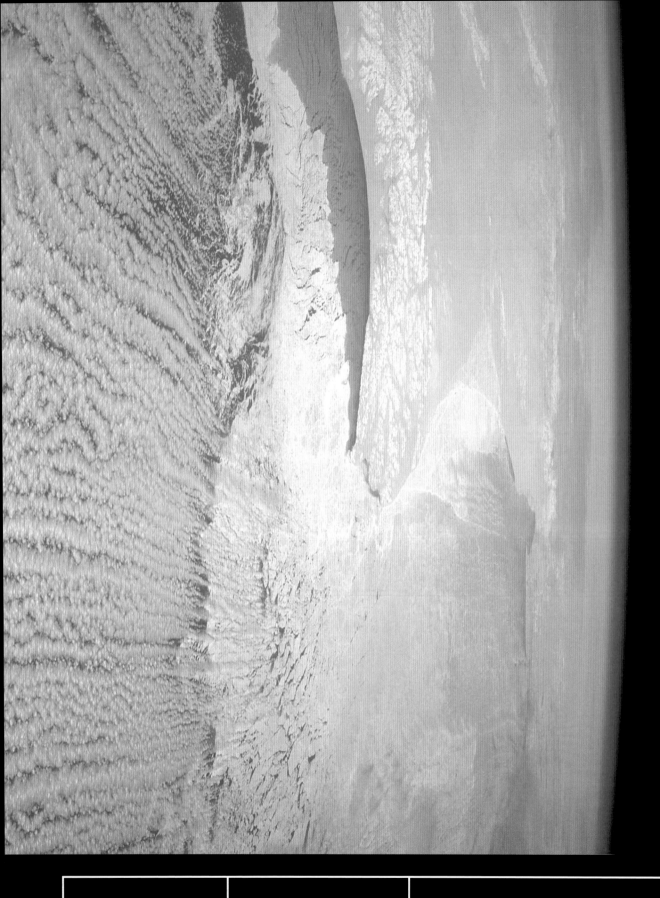

距太阳	地球	
1.496	云街	地球的大气层是一层仅有190km厚的气态保护层。尽管如此，这层由氮气、氧气和其他痕量气体（大气中含量极少的气体。——译者注）构成的混合气体却创造了如今这个生机勃勃的世界。它稳定地球的温度，阻挡来自太阳的高能辐射、被太阳风裹挟而来的粒子和绝大多数进入地球引力范围的小天体。
亿千米	大气特征	

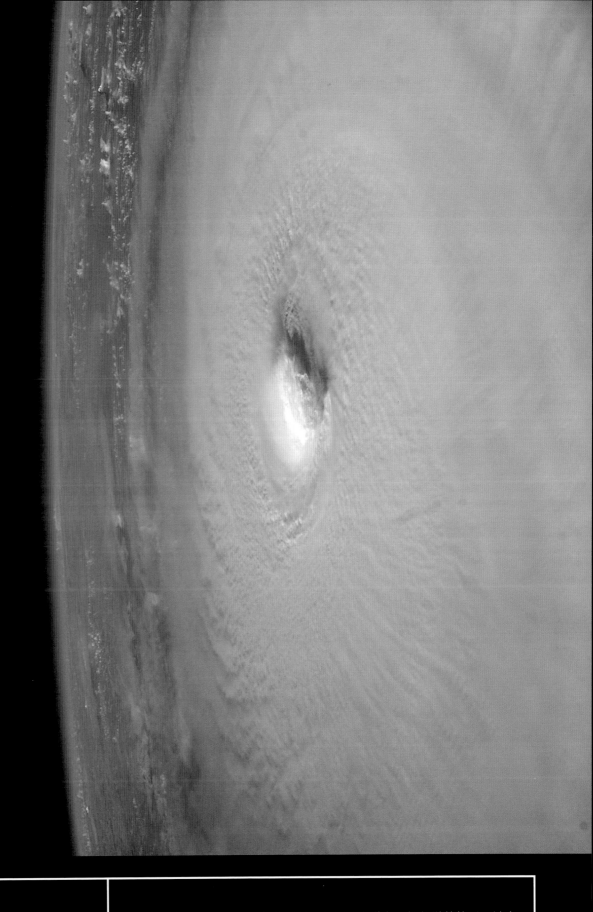

距太阳

1.496

亿千米

地球

飓风伊莎贝尔

大气特征

地球的大气层蕴含了各种能量，包括从赤道向两极传送的热量，被太阳加热的水汽团上升、冷却、凝固再落回地面。在这种能量转化中，最令人印象深刻的就是飓风了，它就像一台以海水中的热能为燃料的机器，其每小时的能量输出相当于一枚 3000 万吨当量的核弹。

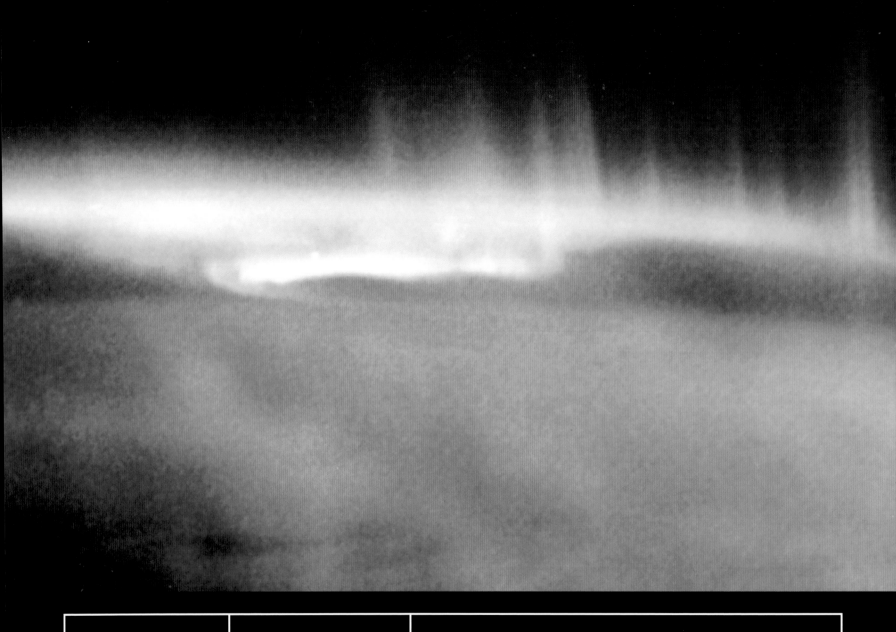

距太阳	地球	地球处于一个连接着南极和北极的磁场之中，它如同一个防护罩，阻
1.496	宇航员眼中的极光	挡着太阳发射出来的高能粒子。带电粒子在磁场力的作用下上下震荡着飞 向南北磁极，它们在那里和高层大气中的分子相互作用，产生了一道道光
亿千米	大气特征	的帘幕——极光。

目的地：月球

地球唯一的一颗天然卫星无疑会立即成为行星际探索的首个目标。早在 1959 年，苏联的一系列探测器就已经飞掠、撞击、环绕月球了，还传回了月球神秘的背面照片（月球和大多数其他行星的卫星一样，其自转速度因潮汐力的影响而减缓。现在月球的自转速度和公转速度恰好相等，这就造成了这个现象：月球总以一面朝向地球，而另一面则永远不能被看到）。

在整个 20 世纪 60 年代，飞往月球的探测器大军从未停止过，因为月球成为了美国和苏联太空竞赛最终环节的决定性目标。美国的主要成就包括月球轨道飞行器系列。如同其名字一般，这个系列的探测器会进入环月轨道，然后拍摄大量月球的表面照片并且制作成地图。徘徊者探测飞船则负责高速撞向月球表面，并在此过程中拍摄照片。这些探测器首次揭开了月球环形山的大小和成因——在此之前，许多天文学家都认为月球的环形山是由火山运动所造成的，所以其规模一定会有一个下界。但是相反，月球上有大大小小的环形山，有些甚至小到肉眼都难以察觉，这说明它们只可能是被不同大小的陨星撞击出来的。最终在勘测者计划中，一系列探测器进行了月面软着陆，并发回了照片和其他科学数据。值得注意的是，它们也同时验证了在月面进行载人航天器着落的可能性。直到勘探者探测器成功着陆之前，月面土壤（即月壤）的承重能力还不明朗，甚至有一些宇航员担心，它可能和滑石粉差不多，以至于一般大质量的航天器可能会完全被吞没于其中。

而以上所有的无人探测飞船都为阿波罗计划铺平了道路，其首艘飞船在 1969 年 7 月 20 日登上月球。与此同时，苏联的载人登月计划则中途失败了。在这之后，美国宇航员又先后 5 次成功地登上了月球，截至 1972 年，共有 12 名宇航员到达过月球。

阿波罗计划的着陆位置广泛地分布在月球正面拥有不同地貌的地区，这使它得到了不同地区的地理特征数据和岩石样本。对太阳系的其他天体来说，我们只能猜测其表面的大致地质年代，这里所用到的方法有：寻找那些地理"单元"覆盖住其邻近区域的线索，或者只统计一块特定地区形成以来，其上所累积的撞击坑的数量。但是我们可以使用"辐射度量法"直接测定月岩样本的年龄。这是一种考古学家和古生物学家常用的方法，只要测定放射性元素衰减的速率，就能得知样本的年龄。月面上大部分的撞击都发生在月球形成之后的 5 亿年内，其峰值大约在距今 39 亿年前。那时有许多巨型流星体撞击了月球，它们抹平了地貌，制造出了巨大的撞击盆地。然而在撞击不久后，许多盆地的底部又裂了开来，使熔岩从月球内部涌出。当这些熔岩冷固之后，这些地方就变成了光滑平整的平原，也就是现在的月海。在此之后，月球受撞击的频率大幅减小，所以月海里至今都没几个撞击坑。

阿波罗计划从一开始就有意让宇航员只在月球上做短暂的停留——它从来都不是一项为长驻月球作准备的计划。在整个 20 世纪 70 年代到 80 年代里，有远见的月球基地方案都让位于了相对更便捷的单次地月间飞行。而人类对月球探测的激情直到 20 世纪 90 年代才被克莱芒蒂娜号探测器和月球勘探者重新点燃。克莱芒蒂娜号是首艘使用了雷达技术的月球探测器，它绘制了详尽的月球地表高度图。而月球勘探者则使用了和地球探测卫星一样的遥感技术，以此测定了月球表面的矿物构成。两个探测器都发现了一个激动人心的事实，即在月球极地的环形山的永久阴影中存在水。这些水可能是太阳系早期由彗星带到那里去的。

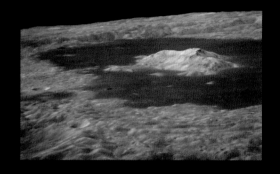

阿波罗 12 号的降落地点位于月球的风暴洋中，靠近无人探测器勘测者 3 号宇航员造访了该探测器并拍摄了照片，这是为了观测它在月球上的这段时间内有什么变化

上图：月球的背面不像正面那样拥有很多宽广的深色月海，它是一个多山的世界。最大的熔岩平原位于齐奥科夫斯基环形山——一个中等规模的环形山——的底部

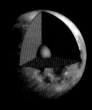

月球的内部结构非常简单，就是一个典型的快速冷固的小天体。月球的地壳由火山岩组成，其背面比正面厚。下面则是固态的地幔，中心或许还有一个很小的固态金属内核

距地球	公转周期	轨道离心率	直径	表面重力	自转周期	轴倾角	天然卫星
38.44	27.32	0.05	3476	0.16	27.32	1.54°	1
万千米	地球日		千米	g	地球日		个

距地球	月球	在飞往木星的途中，伽利略号于 1990 年飞掠了月球，在距月球北极
	北极地区	425000km 的高空传回了这张照片。月球正面许多为人熟知的特征都能在照片中找到，包括靠近月球下方深色的危海，以及临近边缘、位于 8 点钟方向的静海。
万千米	岩质天然卫星	

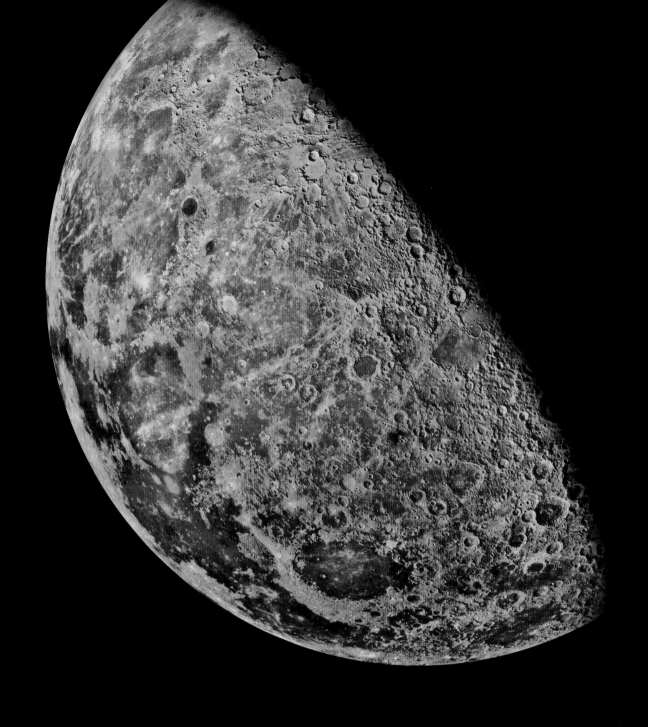

距地球	月球	月球表面的颜色变化十分微妙，但其成因却非常明确——不同的矿物
38.44	北极矿藏图	使不同年龄和来源的岩石呈现出不同的灰度。这张由伽利略号拍摄的照片被重新处理过，从而突出了其颜色的差异。在此图上，我们可以清晰地辨认出不同类型的岩石"单元"彼此覆盖的情形。红色和绿色的区域是古老的高地，而呈蓝色和橙色的区域则是月海和月洋。
万千米	岩质天然卫星	

距地球	月球	与正面相比，月球背面显得迥然不同：在明亮的高地之上只有屈指可数的几个深色的小型月海。虽然这里也有撞击盆地，但受地球引力的影响，那些在月球正面可以淹没盆地底部、侵蚀月面的熔岩在月球背面却很难涌出月面。
万千米	月球背面 岩质天然卫星	

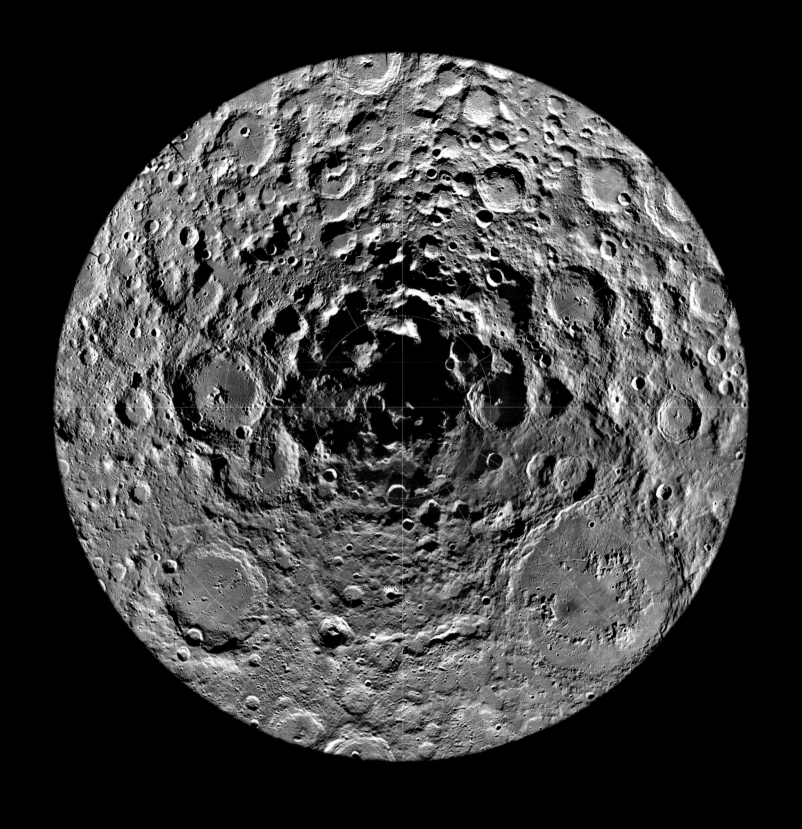

距地球	月球	虽然早在阿波罗计划时就有人猜测月球上有这个盆地，但是直到新一代的月球轨道飞行器拍摄了照片之后，我们才确信它的存在。月球背面最明显的特征就是一个巨大的撞击坑，它被称为南极－艾肯盆地。它的直径达 2500km，其面积比整个西欧还大。
38.44	南极－艾肯盆地	
万千米	撞击盆地	

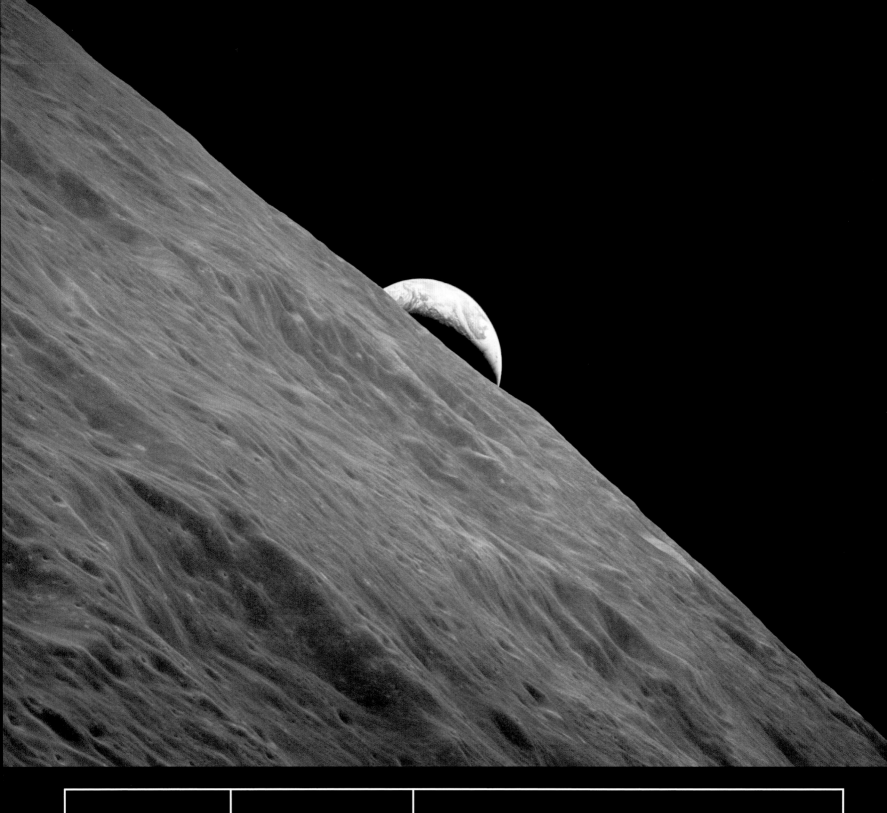

距地球	月球	这张地出的照片是阿波罗号的宇航员拍摄的。由于月球总以一面朝向地球，所以地球在月球的天空中是保持静止的。想要看到地出这样的奇景只有两种方法：在月面上绕着月球转，或者在绕月轨道上绕着月球转。地球会慢慢地从月球正面和背面的交接处"升起"。图中，地球在东海上方升起。
38.44	月球上的地出	
万千米		

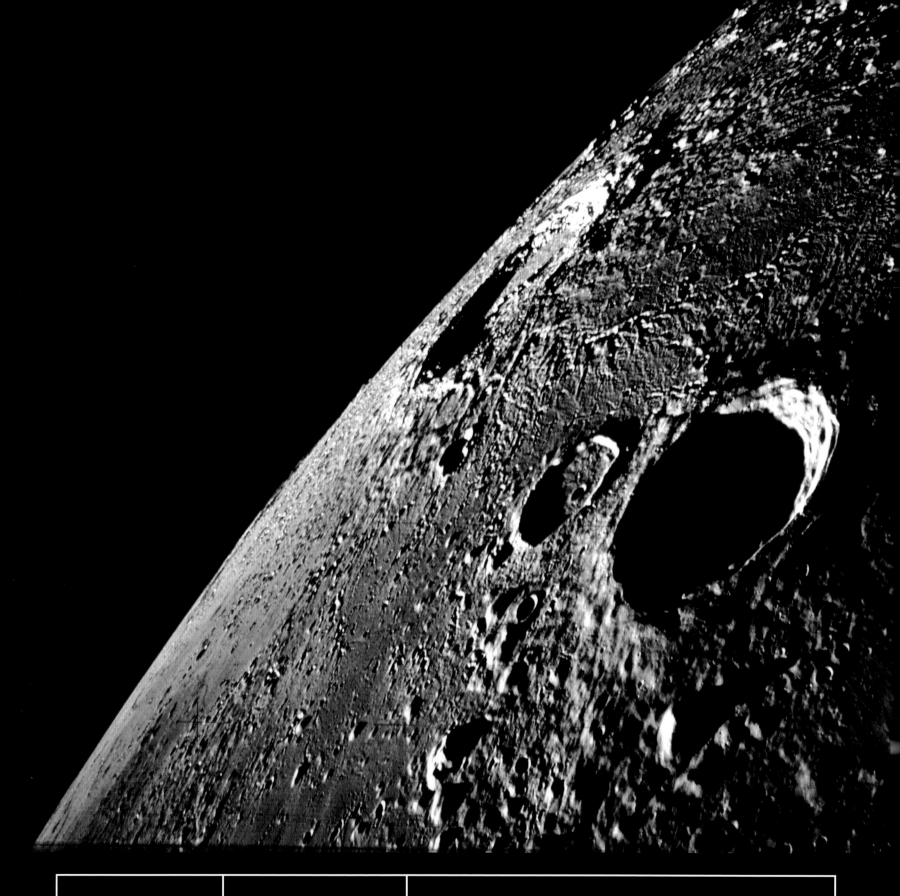

距地球	月球	哥白尼环形山位于图片中距地平线不远的地方（图片前景中较小的为赖因霍尔特环

距地球

38.44

万千米

月球

哥白尼和赖因霍尔特环形山

撞击坑

哥白尼环形山位于图片中距地平线不远的地方（图片前景中较小的为赖因霍尔特环形山），它是月面上最年轻的巨型环形山之一，约9亿年前形成。哥白尼环形山的直径为91km，深3.7km，在它周围还有明亮的喷出覆盖物——它们是因陨星的冲撞而被抛出环形山的物质。而哥白尼环形山的喷出物呈放射状，其中最长的达1200km。

距地球	月球	这是从阿波罗 11 号登月舱（代号"鹰"）上看到的景色，彼时是
~~33.44~~	静海	1969 年 7 月 20 日，登月舱在月面降落的前夕。位于静海的着陆点是一片 平淡无奇的岩石平原，然而惊险的事情还是发生了：登月舱驾驶员巴兹·奥 尔德林（Buzz Aldrin）在找到一片合适的平缓地带并成功着陆之后，他可
万千米	熔岩平原	用的燃料只能维持不到 30 秒的运作。

距地球	**月球**	尼尔·阿姆斯特朗（Neil Armstrong）于格林尼治标准时间 1969 年
33.44		7 月 21 日 2 时 56 分首次踏上了月球，并且说出了那句不朽的名句："这
		是一个人的一小步……却是人类的一大步。"至今为止总共有 12 名宇航员
万千米	宇航员脚印	踏上过月球表面。如果排除陨星撞击的可能性，他们的脚印将会在上亿年
		的时间里一直保持原状。

月球

小矮子环形山

撞击坑

在这幅拼接而成的全景照片中，阿波罗计划后期搭载的这辆月球车仿佛隐没在了广阔寂寥的塔乌尔斯 – 利特罗夫谷之中。位于月球车右侧的环形山只有 110m 宽，因此被亲昵地称为"小矮子（Shorty）"。月球车周围橘色的月壤后来被证实富含锌、铁氧化物和钛，它们可能是火山活动的产物。

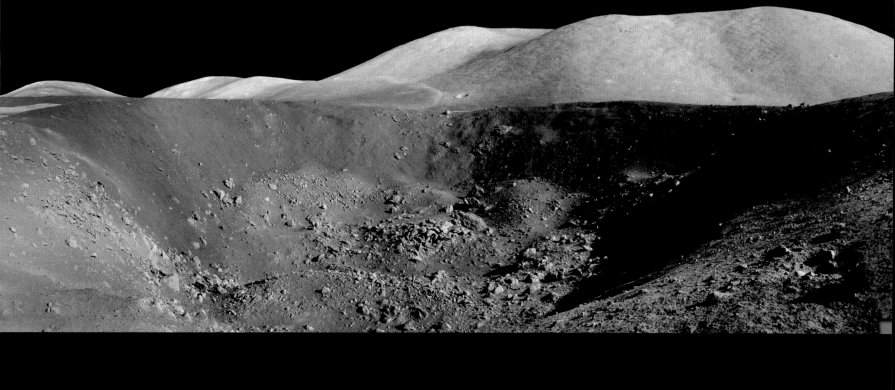

距地球	月球	图中，阿波罗 17 号的宇航员哈里森·施米特（Harrison Schmitt）跳跃着穿过地形怪异的塔乌尔斯－利特罗夫谷。因为没有大气的帮助，所以要判断背景中山脉与其之间的真实距离就十分困难。虽然阿波罗计划带回地球研究的月岩样本总重达 382kg，可是哈里森·施米特是唯一一个登上过月球、在实地进行过勘测的地质学家。
38.44 万千米	塔乌尔斯－利特罗夫谷 月谷	

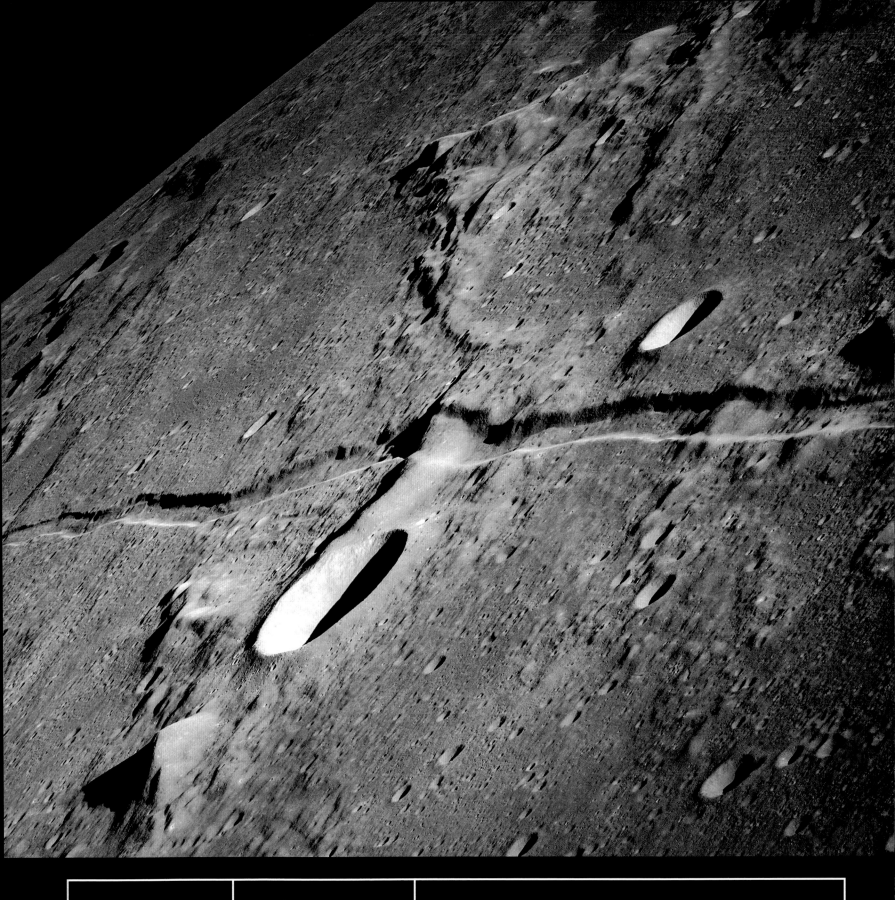

距地球

38.44

万千米

月球

阿里亚代乌斯溪

火山熔岩管

月海是月球上规模最大的火山活动痕迹，但是仍有证据表明，月面上存在着小规模的火山活动。月球上存在着一些类似地球上的小火山，还有一些"月溪"，这是一些熔岩管崩塌之后形成的山谷。在这幅阿波罗10号拍摄的照片中，长数百千米的阿里亚代乌斯溪笔直地穿过月球表面。

距地球	月球	
38.44	哈德利溪	阿波罗 15 号的降落地点靠近一条著名的长达 120km 的月溪，它蜿蜒着横跨过月球上的亚平宁山脉。照片中，宇航员詹姆斯·艾尔文（James Irwin）站在月球车旁边，在他前面的是陡峭的哈德利溪，而照片中这片区域的宽度为 1.6km。
万千米	火山熔岩管	

红色的火星

随着人类探索火星的方法从先前的以地面望远镜为主转为之后的向火星发射一艘又一艘探测器，从环绕进而到登陆火星，一代又一代的科学家对火星的认知一直摇摆不定。可能太阳系内再没有哪个天体像火星这样，一次次给我们惊喜，又一次次给我们打击。

在太空时代到来之前，对人类来说，火星和金星一样都是行星际之间可能有生命存在的摇篮。尽管在19世纪末期，那股声称发现了火星上的"运河"的狂喜已经平息（事后这些"运河"被证明只是错视），但支持火星上存在某种非智慧生命的呼声依然很高。存在于火星两极的冰盖就是火星上有水的最好证明，并且还有很多人认为火星表面不断地变换位置的黑色斑点是植被的季节性改变。

在经历了几次失败后，美国国家航空航天局在1964年发射的水手4号终于成功飞掠了火星。它发回的大量照片却给了人们沉重的打击，因为照片上展现出的是一派几亿年都没有变化过的、遍布环形山的景象。而与此同时，火星的大气层被证实只是一层由二氧化碳组成的薄纱，根本没有足够的保温能力来保存地表水，也不能保护可能存在的生命体免受太阳辐射的危害。而极地存在的冰似乎基本是由凝固的二氧化碳（干冰）组成的，并非是水，这对人们来说更是双重打击。

20世纪60年代末期的另两次飞掠则坐实了一个事实，即火星只是月球的一个红色翻版。这是一颗环境恶劣、一片荒芜的行星。但巧合的是，所有这些早期的火星探测器都恰好飞掠了同一片区域——现在我们称之为南方高原的地方。到了1972年，人类发展出了将探测器送入环火星轨道的科技，终于可以一睹火星的全貌了。

接着，水手9号到达了火星，并发现周期性风暴正在火星表面肆虐。等到几周后，风暴停歇，一个全新的世界展现在探测器之前——一个拥有高耸的火山和超巨型峡谷系统的地貌，还有众多能证明液态水曾经在火星上存在过的证据，包括被缓慢侵蚀的蜿蜒河谷和大规模洪水留下的痕迹等。水手号的后继者是20世纪70年代发射的海盗号轨道飞行器和着陆器。它们对火星进行了更详细的测绘，并首次从火星表面发回了图片和其他数据。虽然火星过去是一颗有水的行星这一事实渐渐浮出水面，可同时越来越多的证据还表明火星如今就是一片冰冷干燥的大沙漠。那么，那些水后来去向了何方？一些天文学家相信水一开始就不存在，并且发展出了一套理论，以解释那些明显的侵蚀痕迹是如何通过其他途径产生的。

令人沮丧的是，20世纪80到90年代之间发射的一系列火星探测器都因为各种机械故障而失败了；直到1997年，无人探测器才终于成功地重返火星。火星探路者和它搭载的旅居者号火星车验证了一个重要的事实，即操纵一辆遥控车辆穿越火星表面，并且拍摄、分析途中碰到的任何物体是完全可行的。截至2004年，另外两辆更坚固、功能更强大的火星车已经先后着陆在了火星表面曾经可能被水覆盖的区域中。与此同时，火星环球勘测者在高空环绕火星航行，传回了迄今为止最详细的火星照片。很快地，另两艘探测器也加入了它们，它们是火星奥德赛和欧洲"火星快车"。这些探测器为我们提供了认识火星的全新视角。它们拍摄的照片将会展示在后几页之中——那是一个确实存在过水的世界；一个以令人信服的证据表明水仍然以冰的形态存在于火星地面以下的世界；一个生命可能一度繁衍生息，现在仍可能蛰伏在某一角落的、令人浮想联翩的世界。

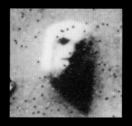
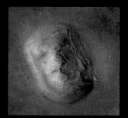
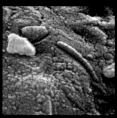

左上：火星上最为人所知的特征，就要数这个被称为"火星人脸"的地貌了。这张照片由海盗号于1977年拍摄，有些人认为这是火星曾经存在过智慧生命的证据。

右上：火星环球勘测者于20世纪90年代拍摄的这张高分辨率照片佐证了美国国家航空航天局的科学家们一开始的判断——"人脸"只是光线和地貌一起变的一个"戏法"。

左中：1997年，科学家们在研究了一块"火星陨星"——这是一种因某种原因从火星表面被抛出、最终落到地球上的岩石——之后，声称其上有生命存在过的迹象，包括在显微镜下可以看到的细菌化石。其他大多数科学家对此表示怀疑，但是如果想要确切地回答"火星上到底存不存在生命"这一问题，唯一的方法只能是进行一次载人火星登陆了。

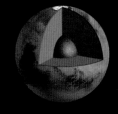

火星的结构和其他较大的类地行星相比要简单得多。它的内核相对较小，而且有可能已经凝固了。外面为一层厚地幔，最外层是地壳，全火星地壳最厚的地区是南方高原。

距太阳	公转周期	轨道离心率	直径	表面重力	自转周期	轴倾角	天然卫星
2.279	687	0.093	6780	0.38	24.63	25.19°	2
亿千米	地球日		千米	g	小时		个

距太阳	火星	这张火星全球模拟图由海盗号轨道飞行器拍摄的照片合成。图中最显眼的就是一道巨大的"疤痕"——水手号谷。这个巨大的峡谷系统几乎横跨了火星周长的五分之一。在图中火星的左缘可以看见位于塔尔西斯区高耸的盾状火山。
2.279	水手号半球	
亿千米	类地行星	

距太阳	火星	在这张斯基亚帕雷利半球的图片中可以明显地看到火星不同地区的颜色差异。黑色的区域——也是在地球上观测时唯一可见的火星地貌——被认为是火星表面裹挟着众多尘埃的风所产生的阴影。向南望去，那些明亮的白色区域是凝结在希腊平原（盆地）上的二氧化碳。
2.279	斯基亚帕雷利半球	
亿千米	类地行星	

距太阳 2.279 亿千米	火星 刻耳柏洛斯半球 类地行星	刻耳柏洛斯半球得名于图片中央偏左的那块黑斑。在它的南面，崎岖的南方高原和平缓的北方平原之间的分界线清晰可见。而在黑斑的北面则是埃律西昂区之上的许多火山。巨大的奥林帕斯山的山巅位于图中右上角，它被云层遮挡住了一部分。

距太阳	火星	火星上颜色最深，也是最有名的区域便是大瑟提斯高原了。它起源于一个古老的低矮盾状火山。其上的那些浅色"条纹"是受到盛行风的吹拂而形成的。在图中火星的下缘可以看见一些干冰，我们不难辨认出，它们环绕成的圈正是那个构成了希腊平原巨大撞击盆地的边缘。以上这 4 张图片都是通过 3D 投影模拟的环火星轨道上的景象。
2.279	大瑟提斯半球	
亿千米	类地行星	

距太阳	火星	美国国家航空航天局的探测计划设计者们很好地利用了着陆时易被忽视的细节。机遇号火星车在拍摄这幅全景图的时候，其所在的位置便是它的隔热罩在着陆最终阶段撞击到地面的地点。撞击所抛射出的火星地表下的土壤样本有很高的研究价值。假使不利用这次撞击，那么火星车根本无法接触到这些样本。
亿千米	子午线高原	
	低地平原	

距太阳 2.279 亿千米	火星 古谢夫环形山 撞击坑	在这幅图中，火山岩碎屑洒满了古谢夫环形山的内部，近处则是赫斯本德山的山顶，它属于哥伦比亚丘陵，也是此丘陵中唯一被勇气号登顶过的山丘。像这样的一幅全景图，一般要用上百张图片才能合成——而合成这张图片所使用的 405 张照片是勇气号于 2005 年末用超过 6 天的时间拍摄的。

距太阳	火星	学界认为，机遇号火星车着陆的古谢夫环形山在火星过去温暖湿润的环境中可能是一个湖泊。然而在调查的岩石样本中间，上面存在可以证明过去可能被淹没过的痕迹的样本只有寥寥数个。当机遇号驶过哥伦比亚丘陵时，它遇到了这片破碎了的火山岩露头，这些可能是附近的阿波里那山某次喷发所遗留下来的。
2.2719	哥伦比亚丘陵	
亿千米	火山丘陵	

距太阳 2,279 亿千米	火星 古谢夫环形山 沙漠	火星上最常见的景色是一片红色的沙漠，沙漠中有众多绵延起伏的沙丘，就像这张勇气号在 2006 年拍摄的全景照片一样。因为在漫长的岁月中不断地被风蚀、碾磨，火星上的沙粒远比地球上的细腻，即使火星上最微弱的风也能轻易改变沙漠地区的地貌。而这些沙粒鲜艳的色彩则要归功于其中大量的铁氧化物（一般为铁锈）。

距太阳	火星	当机遇号着陆在直径为 30m 的坚忍环形山附近的时候，它并不知道自己其实撞了个头彩。直到它仔细勘探了周围的环境之后，它才发现环形山周围的山体上有许多层沉积岩——这种岩石只能在水底生成。机遇号上搭载的化学成分分析光谱仪还发现了由赤铁矿构成的鹅卵石，一般情况下它们也只能在水下生成。
亿千米	坚忍环形山 撞击坑	

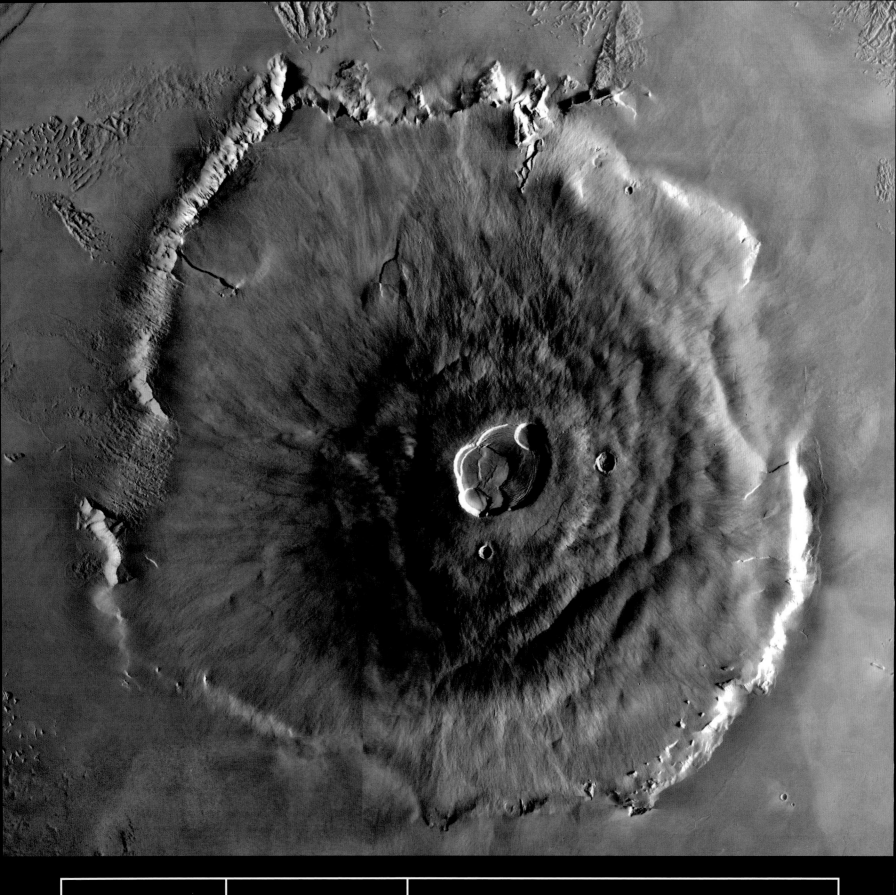

距太阳	火星	高耸的火山无疑是火星表面最著名的地貌特征了，而奥林帕斯山则是它们之中最高大的一座。这张由海盗号轨道飞行器所拍摄的照片展示的便是这座巨大的盾状火山，它比火星的平均海拔高27km——几乎是珠穆朗玛峰的3倍高。奥林帕斯山也是太阳系内最高的火山。
亿千米	奥林帕斯山	
	火山	

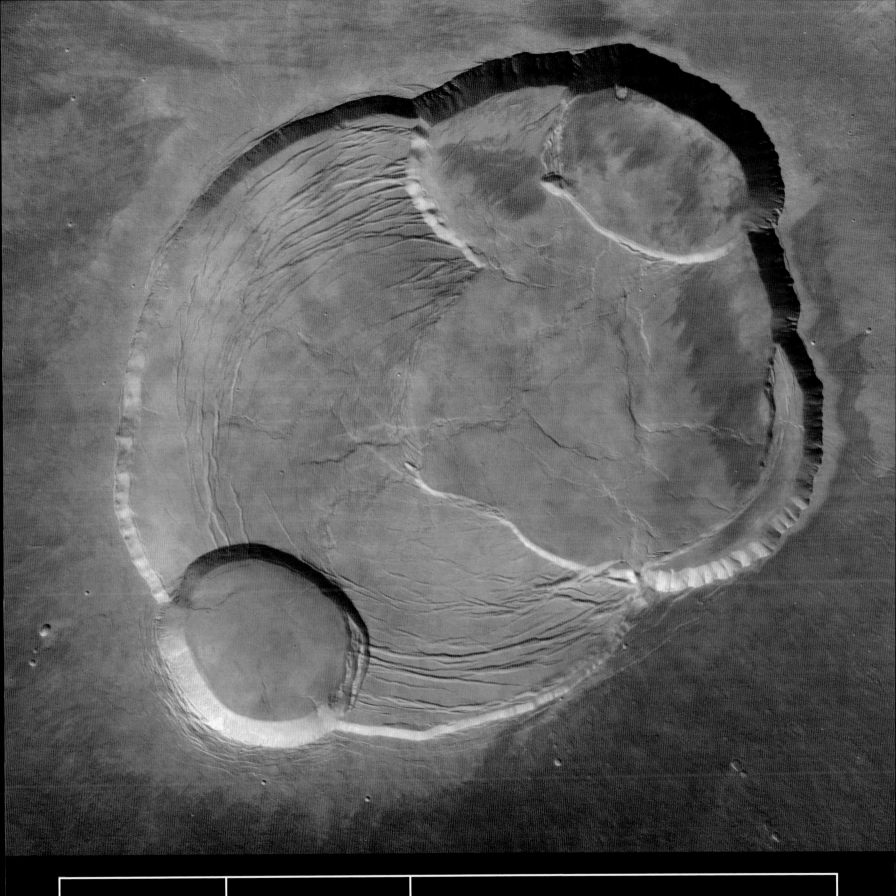

距太阳	火星	位于奥林帕斯山顶端的这个复杂的破火山口经由几次不同时期的喷发
2.279	奥林帕斯山破火山口	而形成。其中央区域,即周围有着同心圆状裂纹的火山口,是它们之中最年轻的。破火山口周围的崖壁高出底部约6km。天文学家认为,此火山在
亿千米	火山	距今约3000万年前突然停止了喷发。

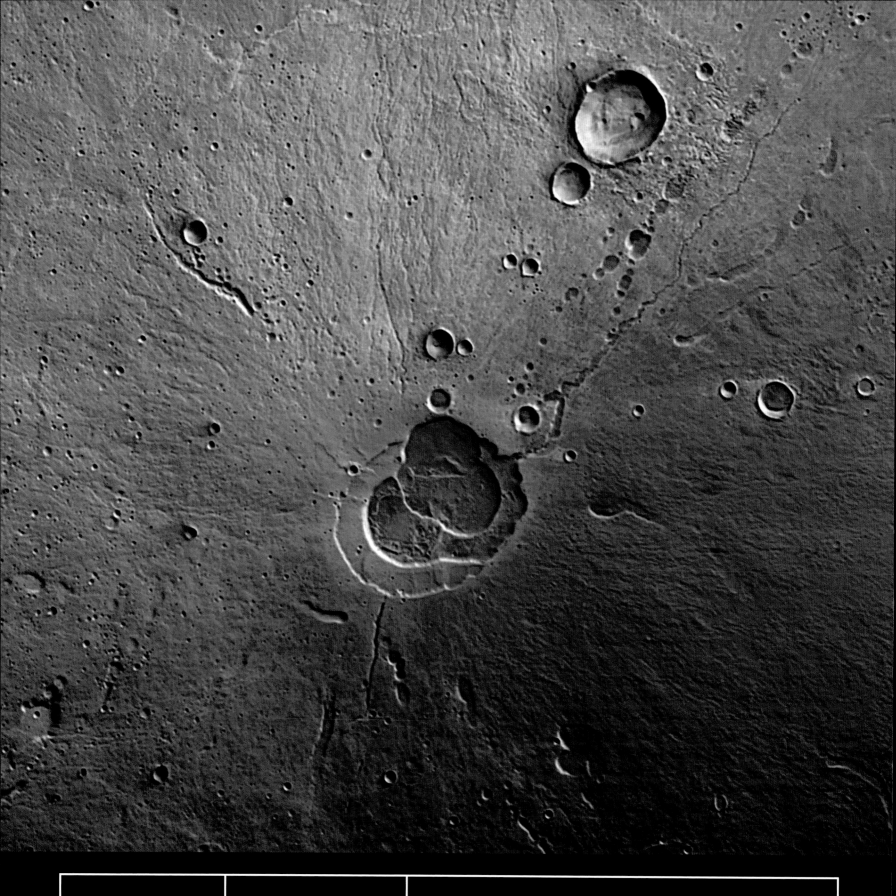

距太阳	火星	赫卡特斯山是位于火星赤道附近的一座巨大火山——与奥林帕斯山一样，它顶部的复合破火山口也经由不同时期的几次火山活动而得以形成。这里的大部分熔岩流痕迹都非常古老，自形成以来遭受过大量陨星的撞击，然而有一些区域却几乎没有撞击坑，从而可以判定它们的地质年龄可能很年轻。火星上如今可能还存在着一些活火山。
	赫卡特斯山	
亿千米	火山	

距太阳	火星	
2.279	欧伯山	在埃律西昂区上，赫卡特斯山的不远处就是欧伯山，它是一座中等大小的火山。这幅不成比例的破火山口 3D 图片是由"火星快车"拍摄的。它的直径为 30km，深 3km，整座火山的宽度达 160km。在破火山口的左侧，火星上的沙子貌似正在慢慢地滑入其底部。
亿千米	火山	

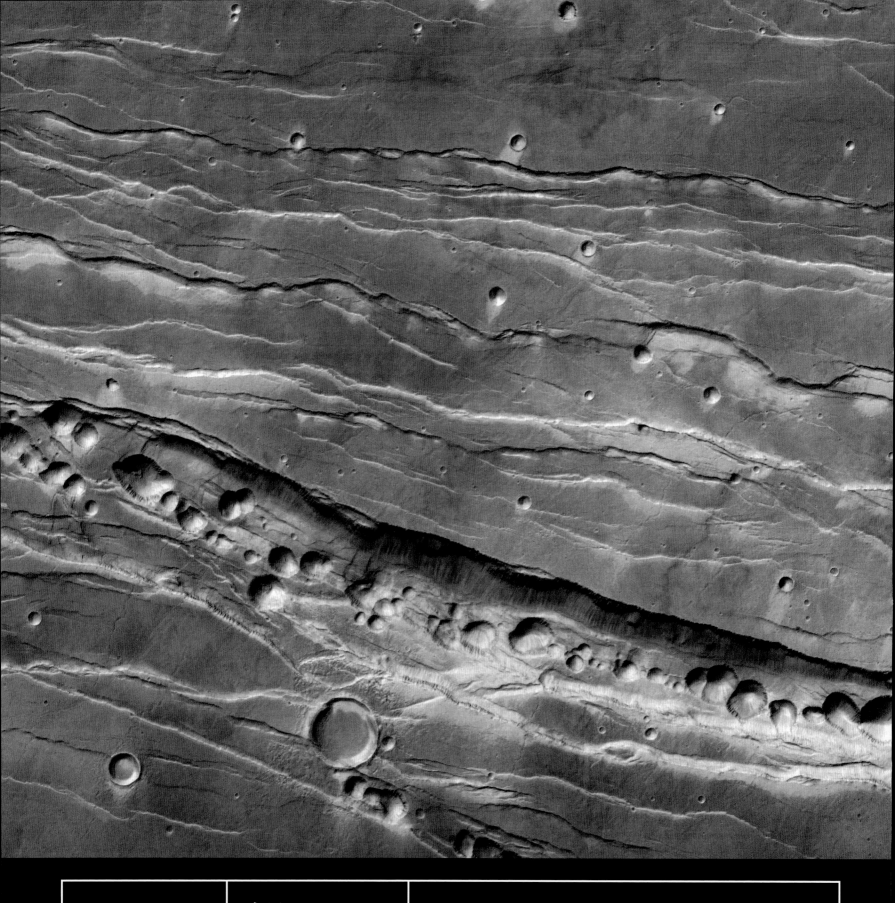

距太阳	火星	
2.279		这一长串坑链乍看之下像是由连环撞击造成的，比如一颗破碎的彗星。但是别被它的外表欺骗了。它位于亚拔山边缘的"沟槽"（地堑）之间，这说明这些圆形的坑洞可能是地层下陷所导致的，比如熔岩流熔化了地表的岩石和其下的冰穴。
亿千米	佛勒革町坑链	
	地壳断层	

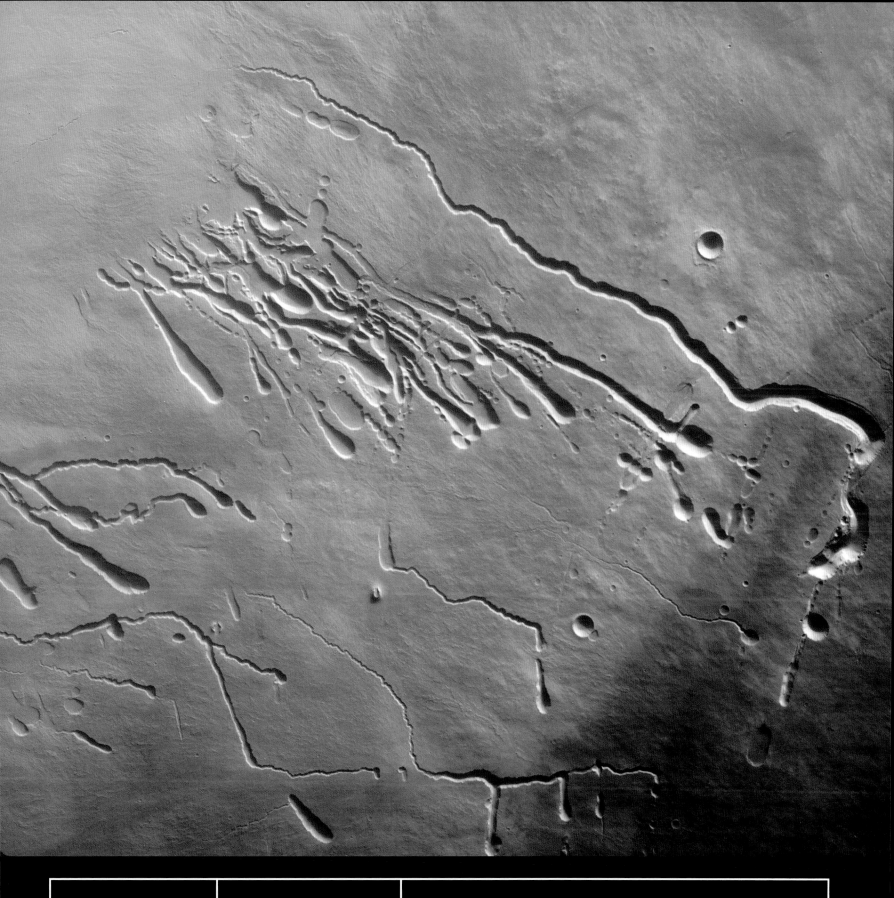

距太阳

2.279

亿千米

火星

帕弗尼斯山细纹

火山熔岩管

乍看之下这些火星表面的细纹很像是水留下的痕迹，但是事实上它们也是火山运动造就的。这些崩塌的熔岩管位于帕弗尼斯山的山腰上——当熔岩流过薄地壳中的地下管道时，就会形成熔岩管。熔岩从管道中流走之后，其顶端就会崩塌，从而形成峡谷。

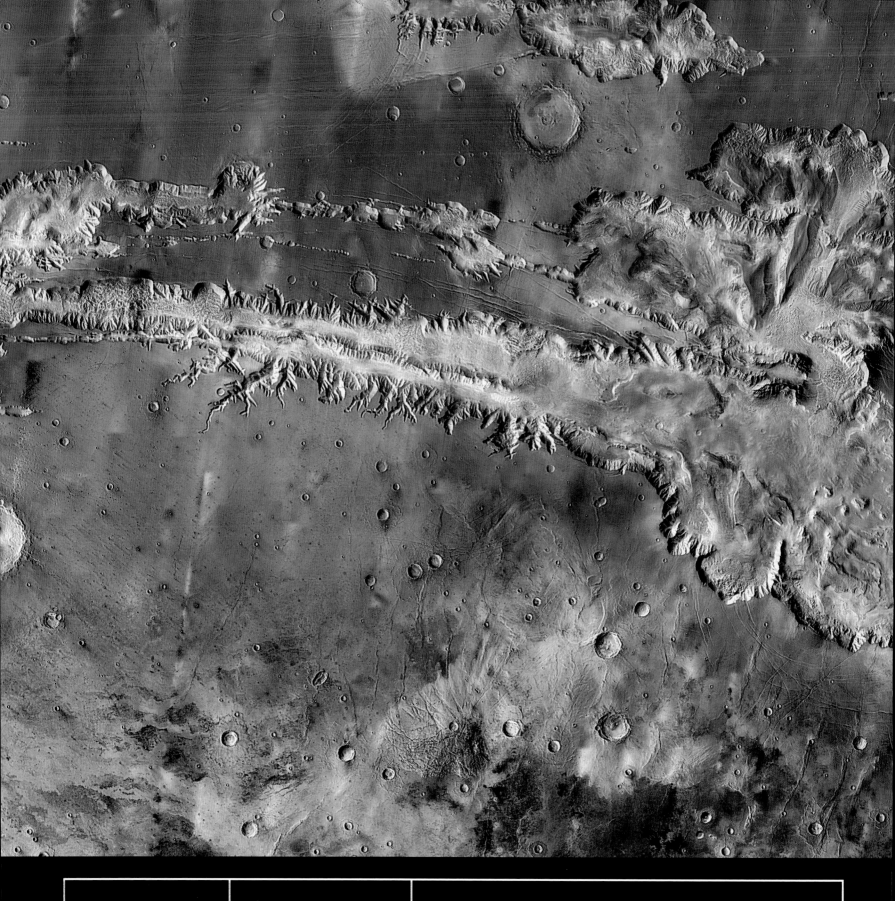

距太阳	火星	深入火星地壳达 9km 的水手号谷位于多火山的塔尔西斯区南部。它的规模大到难以想象——总长超过 4000km，几乎环绕了火星的五分之一。它还拥有复杂的峡谷系统，宽度最大的地方达到了 700km。相比之下，美国的科罗拉多大峡谷只有其长度的十分之一，深度也只有其五分之一。
亿千米	水手号谷	
	地壳断层	

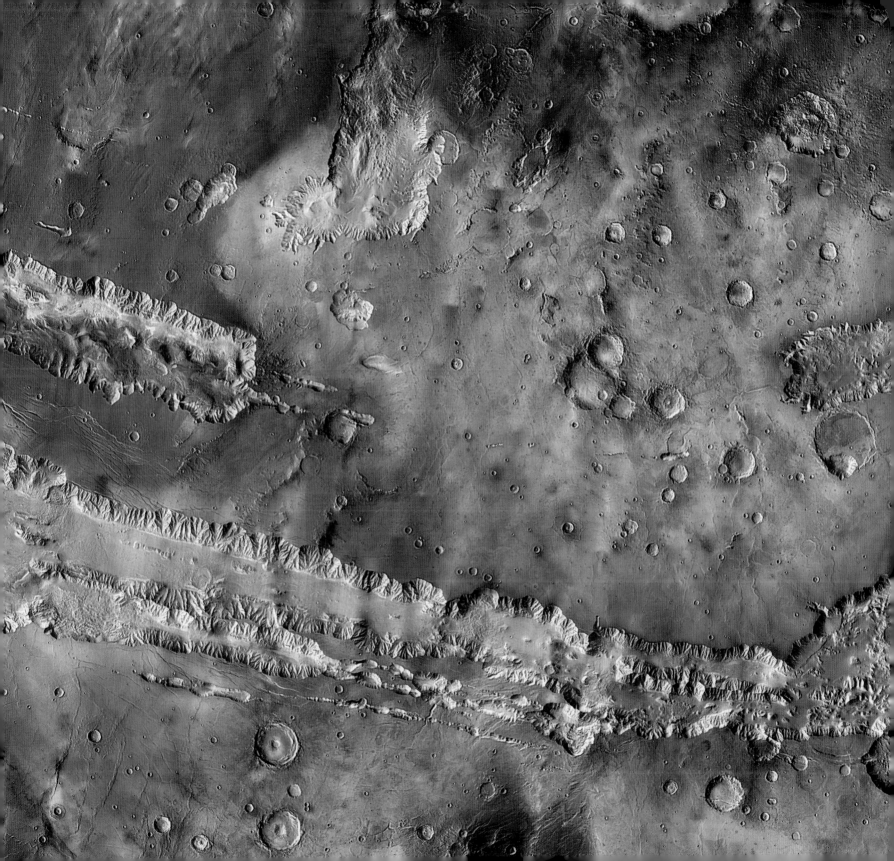

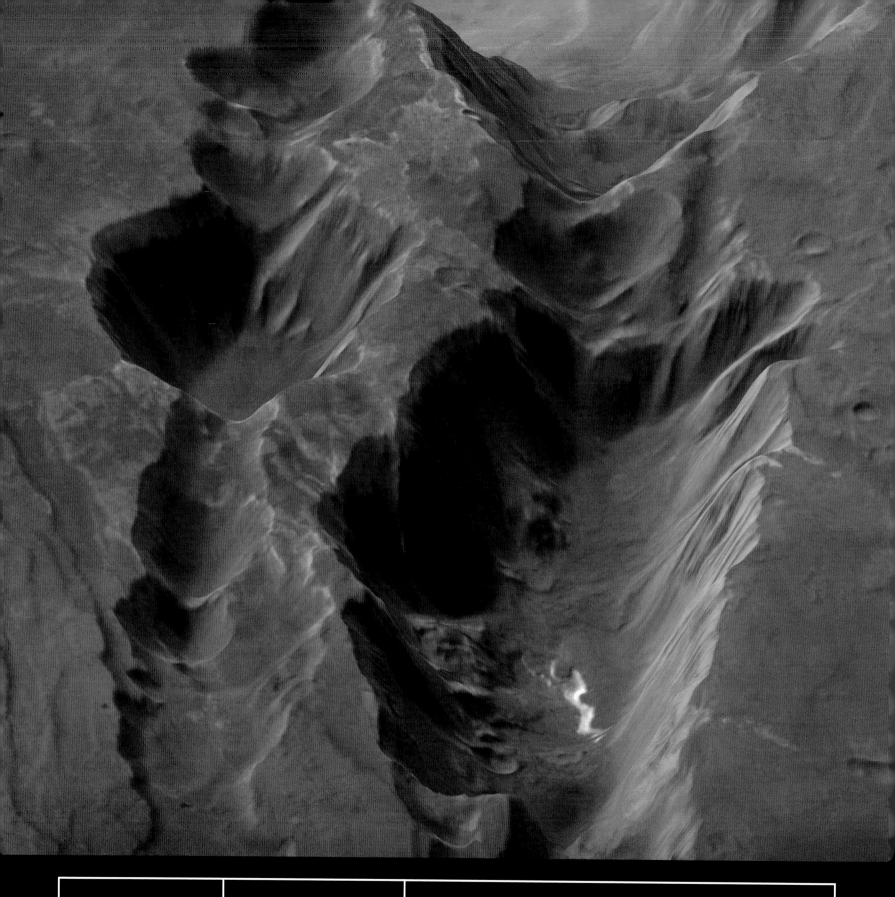

距太阳	火星	科普来特斯深谷是水手号谷最东端的峡谷中最大的一条（位于这张"火星快车"拍摄的照片的右侧）。它是一条宽度在 60 ~ 100km，深达 9km 的巨大沟槽。它的左侧是科普来特斯坑链。这条沟槽中的坑洞很显然是地壳崩塌时形成的，它们的底部可能受到过熔岩或者水的侵蚀。
	科普来特斯深谷	
	地壳断层	
亿千米		

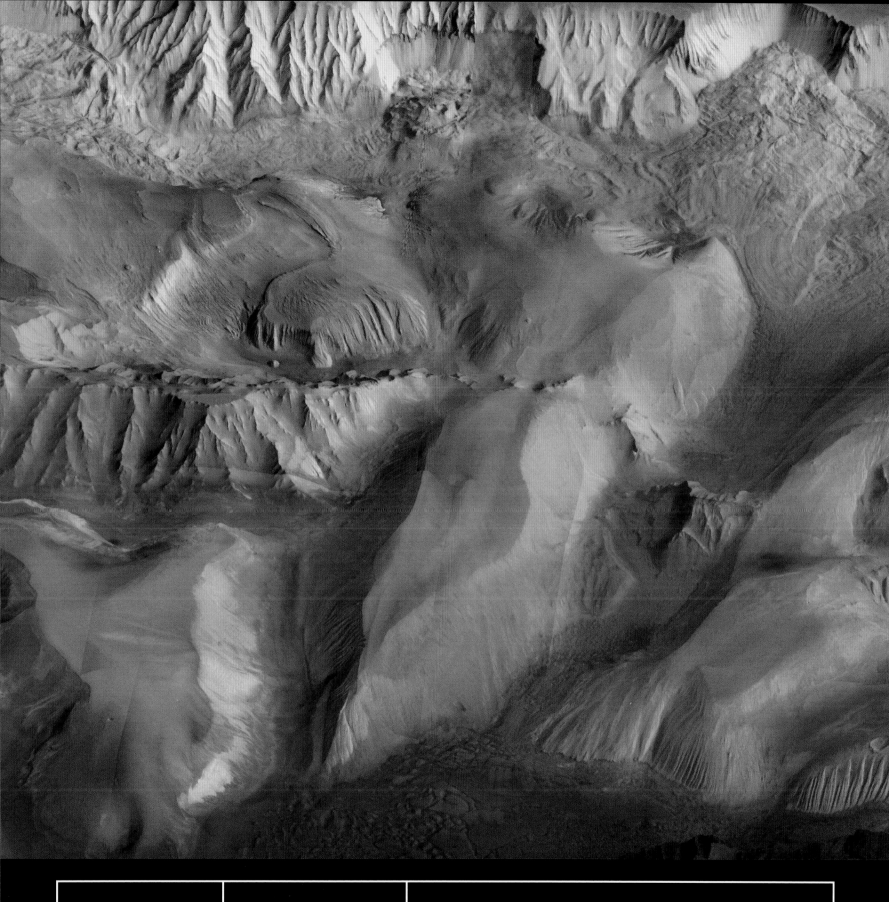

距太阳	火星	水手号谷的中心区域是俄斐深谷，它的周围是错综复杂的、被山脊状高地分割开的宽阔沟槽。峡谷中还有一些明显是原本的狭窄通道向谷底崩塌后留下的痕迹。产生这些崩塌的原因可能如下：峡谷附近的冰被塔尔西斯区的火山加热之后渐渐融化、汇聚成了水流，这些水从崖壁上倾泻下来，从而引发了巨大的滑坡。
2.279 亿千米	俄斐深谷 地壳断层	

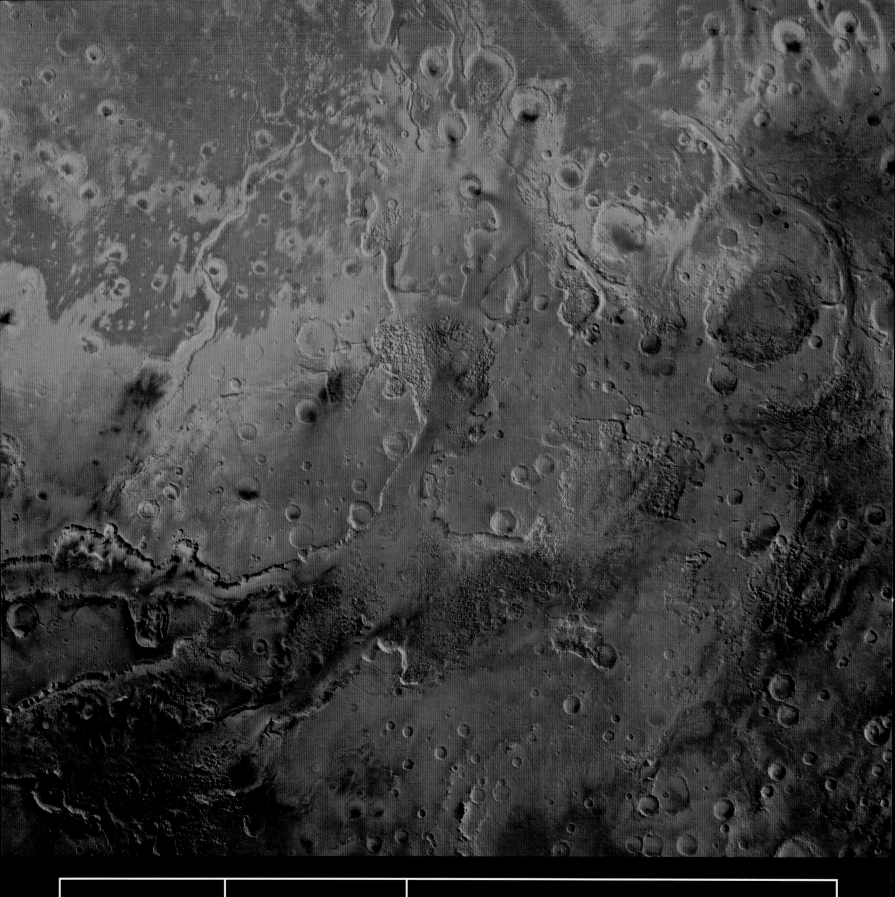

距太阳	火星	在水手号谷西北方的克里斯洪水外泄平原上可以清楚地看到大规模洪水留下的痕迹。那些泪滴状的小岛是奔流的洪水横扫该地区之后留下的。在地球上也能找到类似的痕迹，它们是在末次冰期快结束的时候，洪水冲破冰坝的阻挡后在大地上肆掠后留下的。
2.279	克里斯平原	
亿千米	侵蚀地貌	

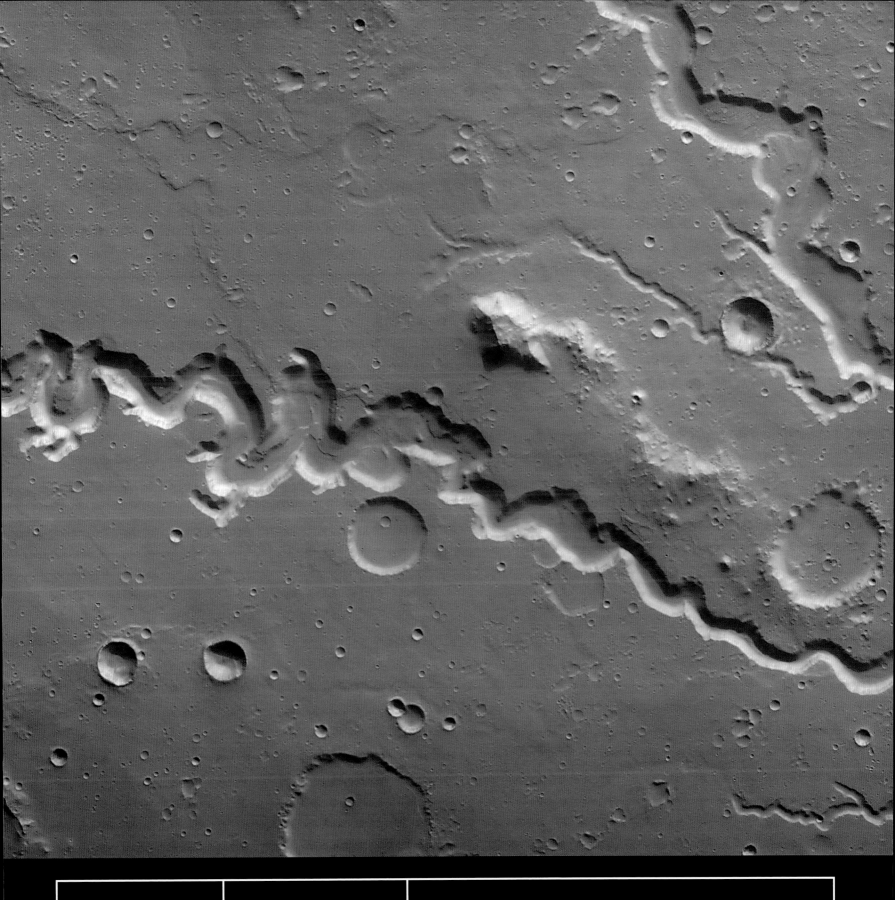

距太阳	火星	纳内迪谷和其他与其类似的峡谷都是火星地表曾被水流长期侵蚀的证据——它们类似于地球上被水流冲刷了上千年的蜿蜒峡谷。虽然这样的峡谷也可能是由其他因素造成的，但是鉴于火星上还有其他一些明显是水留下的痕迹，所以我们可以认为这个峡谷就是河流造成的。
2.279	纳内迪谷	
亿千米	侵蚀地貌	

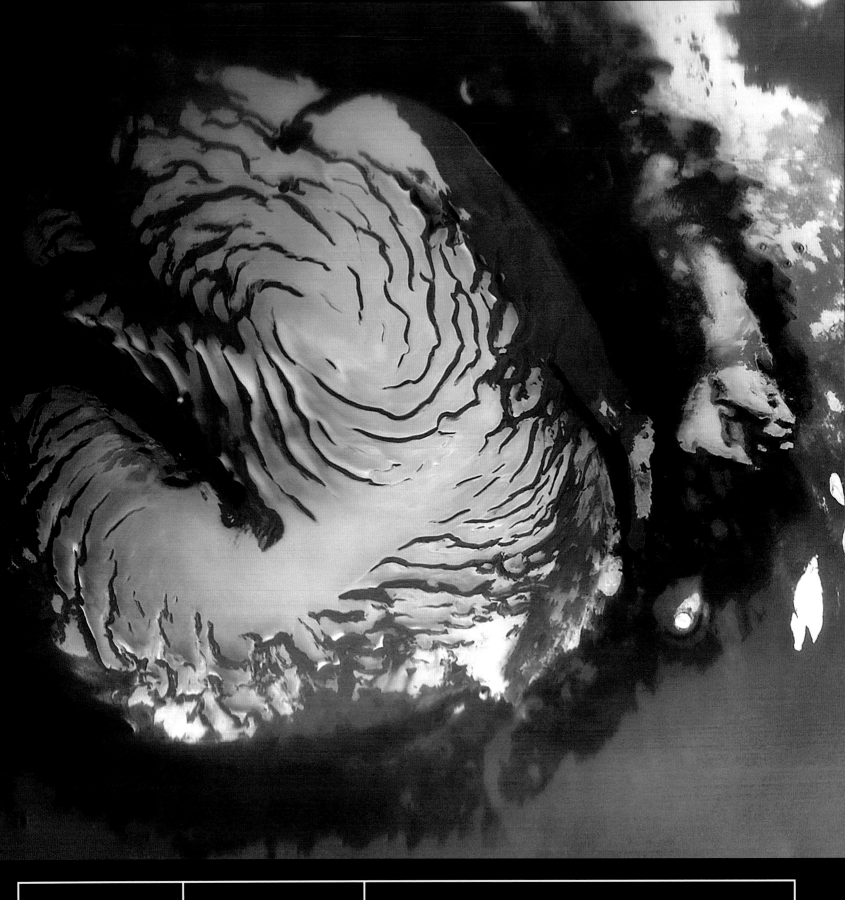

距太阳	火星	异常复杂和曲折的火星极冠高出其周边地区几千米。在这张由火星环
2.279	北极	球勘测者拍摄的照片中，是较大且更令人震撼的北极冰盖。不同于南极地区，随着火星季节的变化而进退的干冰层在这里覆盖在更为永久的水冰冰盖之上。
亿千米	极冠	

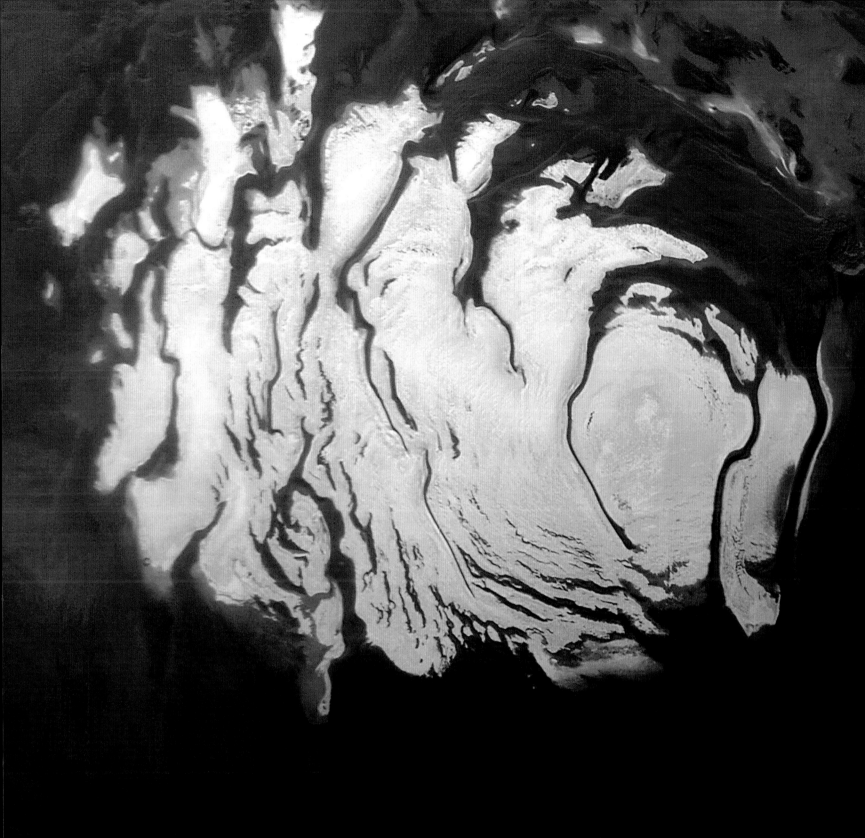

| 距太阳
2.279
亿千米 | 火星

南极

极冠 | 　　南极地区的极冠大部分由固态二氧化碳（干冰）构成。盛行风在这里塑造了无冰的蜿蜒沟槽，并且掌控着每个冬季冰盖的分布。春季来临的时候，整个南极重新暴露在阳光之下，干冰升华的同时会产生时速可达 400km 的强风。总体来说，南极冰盖近年来已经后退了很多——这也是火星气候变化的有力证据。 |

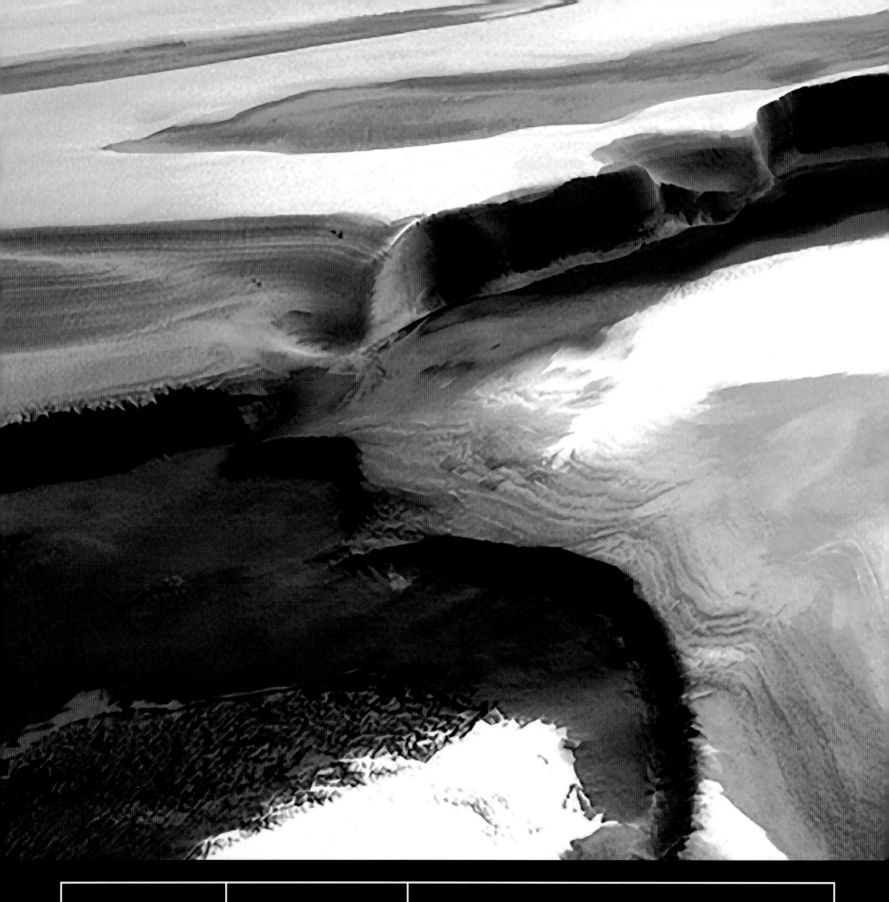

| 距太阳

2.279

亿千米 | 火星

极地地层

冰层特征 | 　　火星两极地区都显现出了有趣的阶梯状地形，这张由"火星快车"拍摄的照片呈现了一道高达 2km 的悬崖。每年冬天新形成的冰层都裹挟着火星大气中的细尘，当春季冰层蒸发走的时候，这些细尘就留在了那里。这些薄薄的细尘在漫长的岁月中逐渐累积起来，形成了这些阶梯。 |

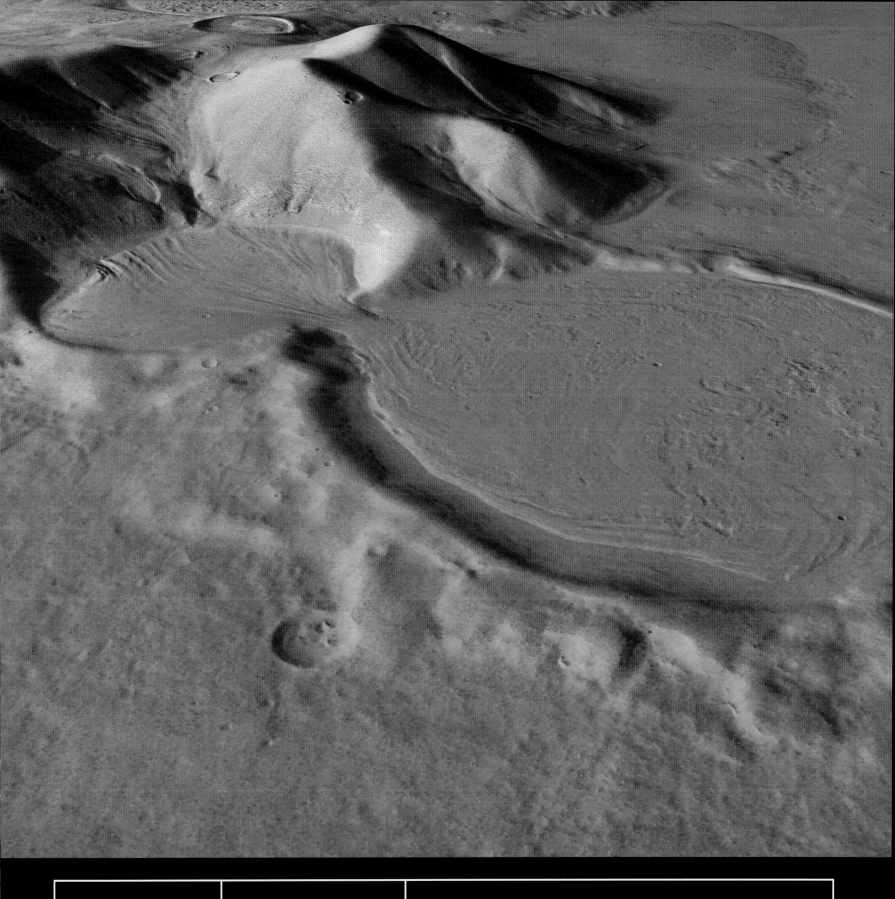

距太阳

2.279

亿千米

火星

沙漏环形山

撞击坑

这对相邻的环形山位于南半球的希腊平原（见第122页）。这张由"火星快车"拍摄的高分辨率3D照片展现了一条碎砾流从位于高处的小环形山流入下面的大环形山（直径为17km）。学界认为，在高处的环形山里曾经有一片冰川，它夹带着前方的碎岩，流入了低处的环形山中。

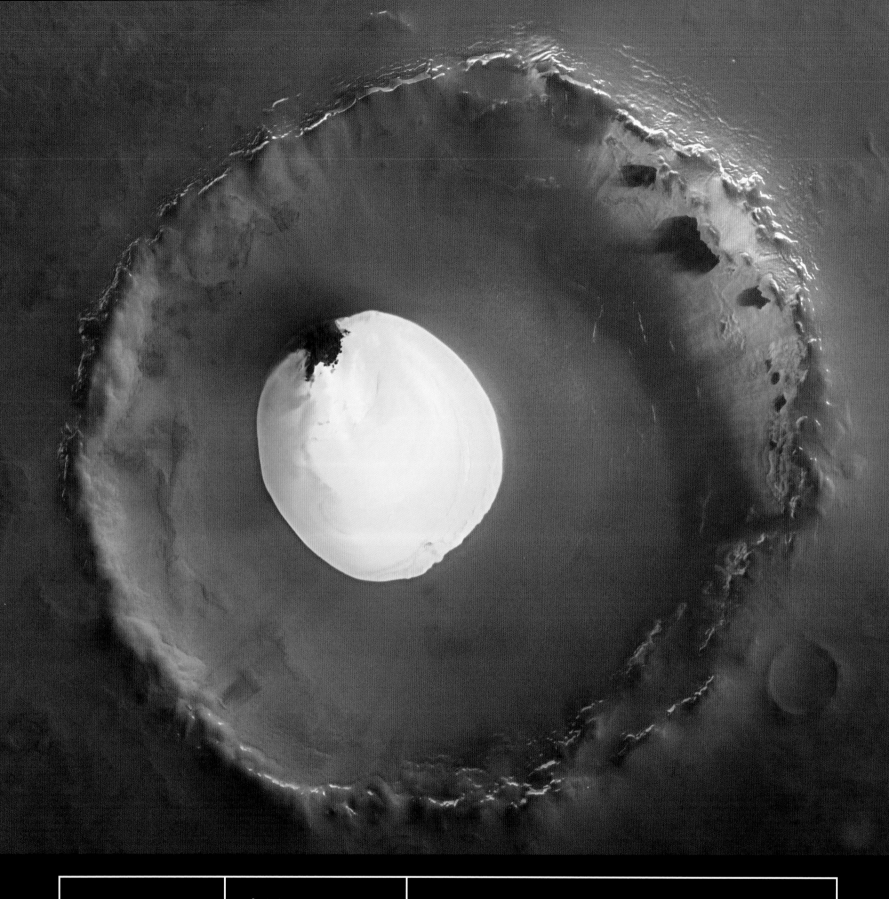

距太阳	火星	
2,279	水冰环形山	在远离极冠的地区还存在一些孤立的冰，它们之中最壮观的要数这个欧洲"火星快车"于 2005 年发现的被冰覆盖的环形山了。水冰之所以能残存在这里，很可能是因为环形山的山壁阻挡了白天大部分照射到冰上的日光。
亿千米	撞击坑	

距太阳	火星	火星极冠的周边地区和地球上的永久冻土层很相似——这种类似冻原的地区，其土壤中的水一年四季都不会融化。在更长的时间跨度下，不断融化和结冻的循环造成了地面的开裂，形成了图中的这种地貌。学界认为，火星如今正处于一个周期为几百万年的气候循环的低温期。
2.279	浮冰形地貌	
亿千米	冰层特征	

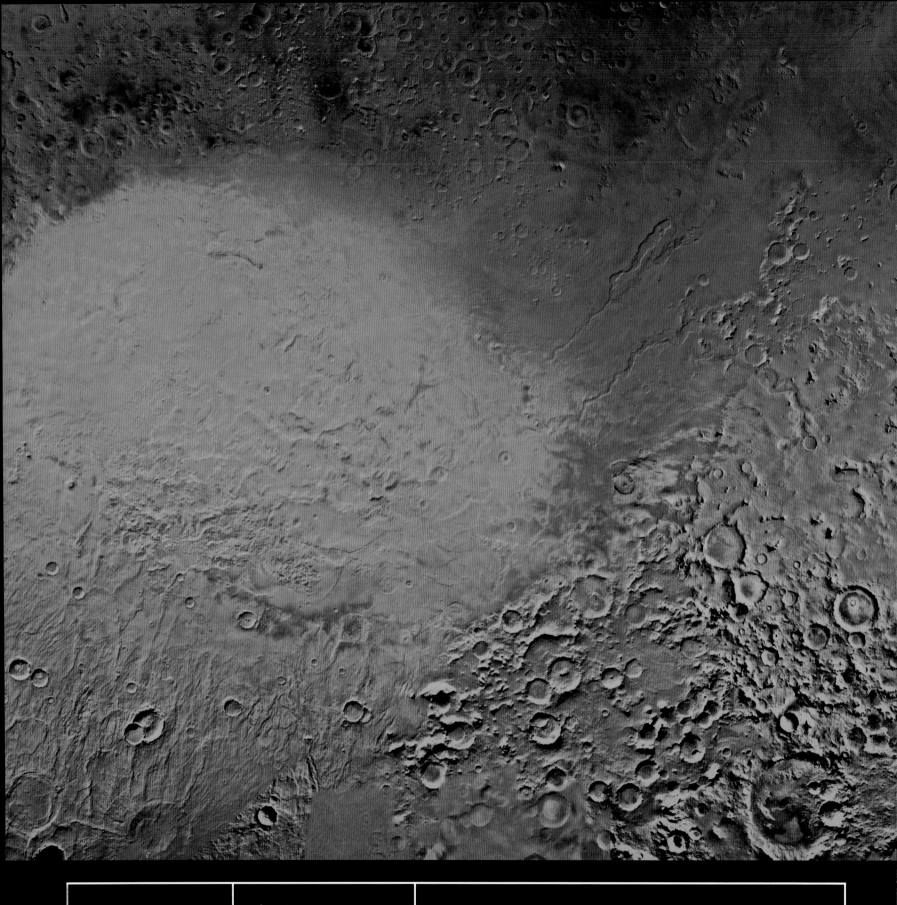

距太阳	火星	希腊平原是火星上最大的撞击盆地。它宽2200km，是一片位于南方 高原的广袤沙漠。自它形成以来的40亿年间，此地区的地貌被熔岩、水流 和风不断侵蚀，可是仍有一部分环形山山脊残留了下来。从位于周围高地 边缘的同心圆状悬崖上看，还可以隐约辨认出这个巨型环形山的原貌。
2.270 亿千米	希腊平原 撞击盆地	

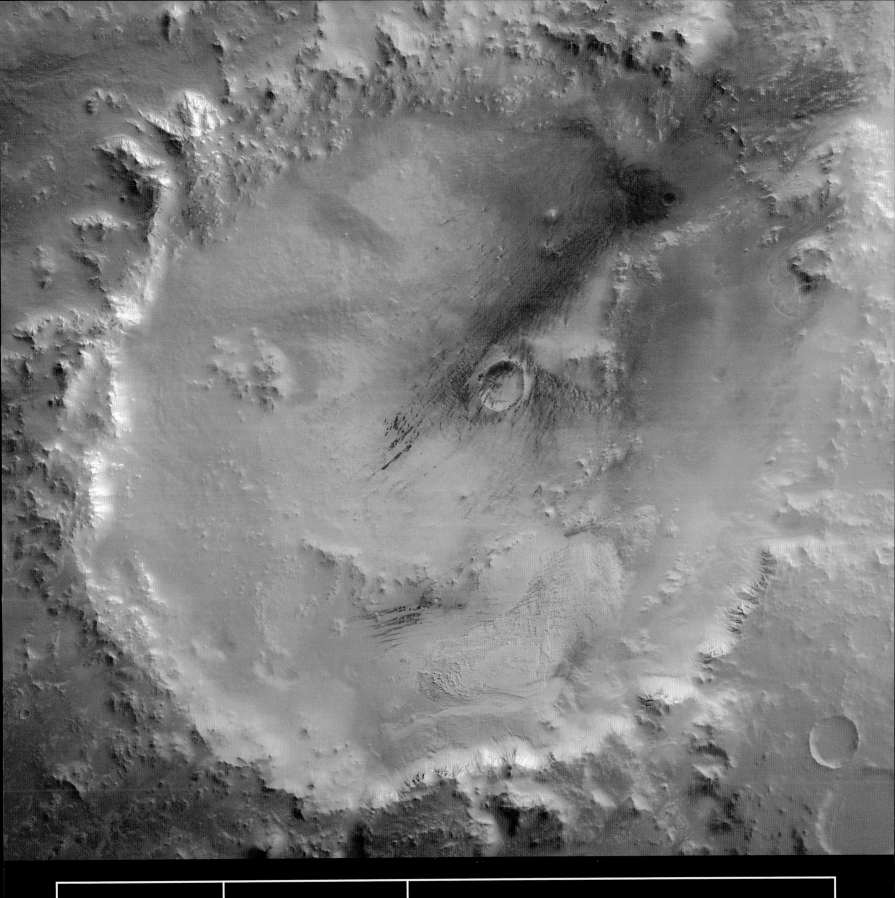

距太阳

2.279
亿千米

火星

伽勒环形山

撞击坑

在"火星人脸"被证实只是光线和岩石方山一起变的"戏法"之后（见第 88 页），这个 230km 宽的伽勒环形山成为了"人脸"的后继者——"笑脸"，只是它更像是一张一直微笑的卡通人脸。撞击坑的底部是一片沙丘，上面还留有尘卷风（见第 127 页）刮过的轨迹。

距太阳	火星	这个长 24.4km、宽 11.2km 的"蝴蝶"环形山是火星上少见的椭圆形环形山，只有从小角度入射的陨星才能造就这样的环形山。两瓣巨大的溅射物质位于它的西北和东南方向。而且此环形山周围和内部的一部分区域好像曾经被附近火山喷出的熔岩重新覆盖过。
	"蝴蝶"环形山	
亿千米	撞击坑	

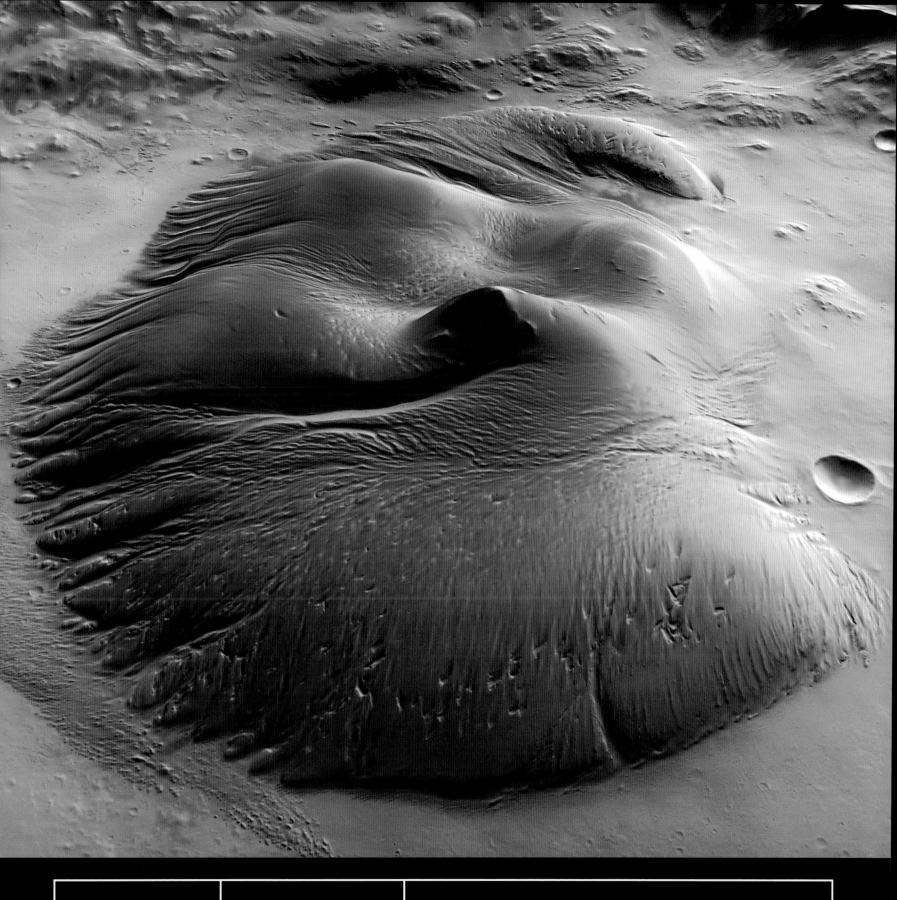

距太阳	火星	直径为 100km 的尼科尔森环形山底部有一个奇特的、长达 55km 的隆
2.279	尼科尔森环形山	起物。它中央的高点显然是很多大环形山都有的中央峰，它是撞击过程中撞击坑底部"反弹"的产物。但是这个隆起物其他部分的成因至今不明。只有一点是明确的——那就是自它形成以来，这个隆起物受到过大量的侵
亿千米	撞击坑	蚀。

125

距太阳	火星	这个位于奥林帕斯山南侧的平行状山脊类似于地球上的雅丹地貌——这是一种因沙漠持续受到单向风的吹袭而形成的地貌。在这片区域中，细腻的火星沙粒逐渐侵蚀不太坚硬的基岩，从而造就了这种绵延数十千米的沟槽。这些沟槽只会被那些偶然出现的更坚硬的岩石露头截断。
亿千米	火星雅丹地貌 侵蚀地貌	

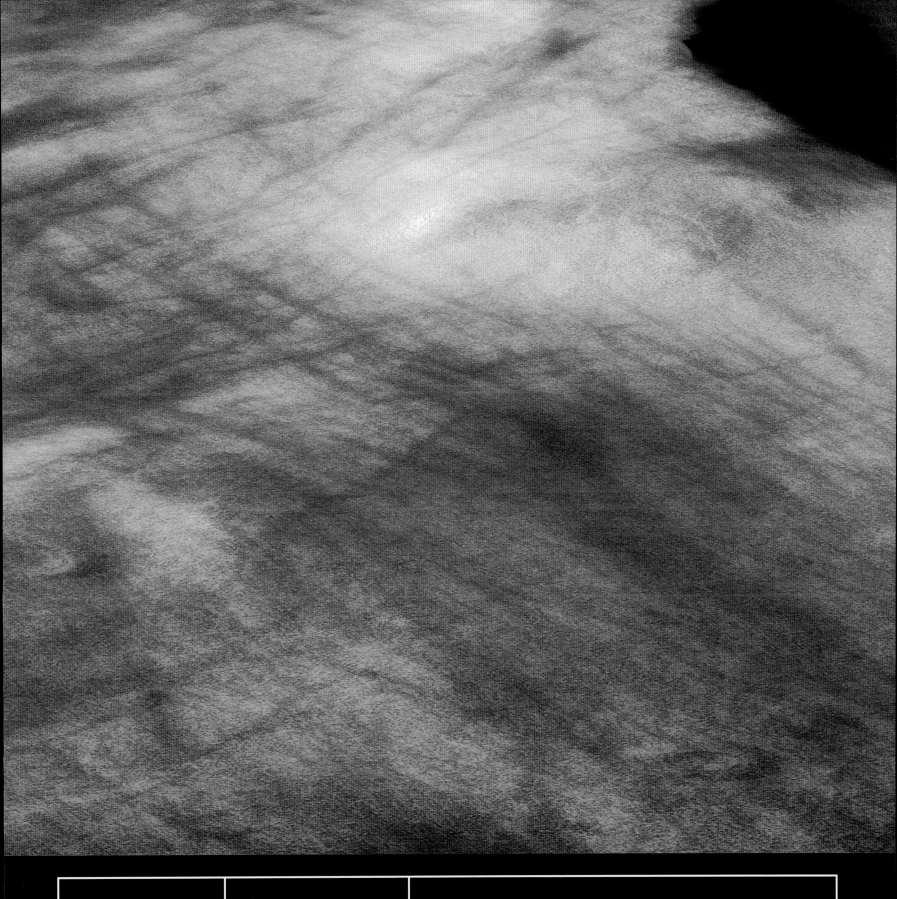

距太阳	火星	尽管火星上的大气十分稀薄，但是它依旧可以卷起火星上细腻、轻盈的沙粒，从而形成尘卷风。火星轨道和表面的探测器都拍到过这种微型龙卷风。当它们经过地表时，会卷起其上的灰土，露出底下的黑色土壤。它们经常会在火星平原上留下一道道"划痕"，或者如图中所示的这种更为规则的十字交叉的痕迹。
2.279	尘卷风痕迹	
亿千米	侵蚀地貌	

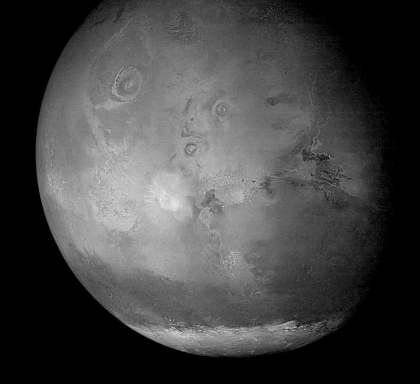

距太阳	火星	火星最为人知的气象特征就是它凶猛的尘暴。它会定期产生，横扫火星表面，有时候能遮挡住整个行星表面达数周之久。因为火星的大气远比地球的稀薄，所以其上的狂风所蕴藏的能量也远低于地球上的。即便如此，火星尘暴仍可以产生巨大的影响，这是因为火星表面的沙粒极易被吹起而且极难重新降落回地表。
	2001 年火星尘暴前	
亿千米	气象特征	

距太阳	火星	此页和前页的图片是由火星环球勘测者于 2001 年火星位于近日点附近
2.279	2001 年火星尘暴	时记录下来的一次火星全球尘暴。火星拥有一个离心率相对较大的轨道，所以当它和太阳之间的距离发生变化时，热能的变化就产生了足够的能量来驱动火星的大气系统。因此，虽然局部尘暴在火星上十分频繁，但全球尘暴只会发生在火星位于近日点附近时。
亿千米	气象特征	

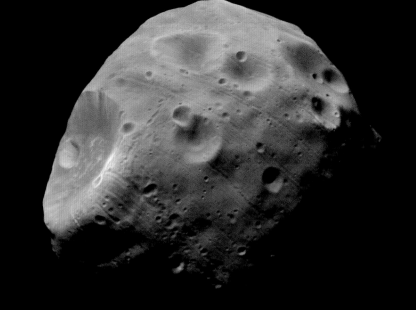

距火星

km

火卫一

长度：26.8km

岩质捕获卫星

火星拥有两颗卫星，它们得名于希腊神话中战神的两个双胞胎儿子［火卫一英文名为福波斯（Phobos），火卫二为得摩斯（Deimos）——译者注］。火卫一更大且距离火星更近。它的表面有许多环形山，还有一些奇怪的"划痕"。火卫一的公转周期只有 7 小时 39 分，这意味着它几乎是贴着火星的大气上缘在公转。大约再过 4000 万年的时间，它的轨道将会下降至非稳定点，最终会坠向火星表面。

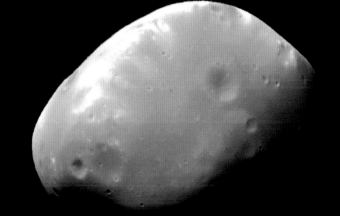

距火星	火卫二	
23,400		火卫二是火星较小的卫星，它距火星也较远，以30小时18分的公转周期绕火星转动。学界认为，火卫一和火卫二都是被捕获的小行星，而它们略显红色的表面说明它们可能是从木星轨道上逃逸出来的特洛伊型小行星（见第132页），而并非来自小行星主带。
km	长度：15km	
	岩质捕获卫星	

在小行星的海洋中

小行星的王国位于火星和木星的轨道之间。那是一个由数不胜数的渺小岩质天体组成的世界，其中最大的还远远不及我们月球的大小。在早期的太空探索清单中，它们几乎无法排上什么名次，探测器最初对它们的造访也只是其他宏大计划的一个附属项目。然而我们越是试着去了解它们，它们向我们抛出的谜团就越多。此外，我们现在还认识到，有一些小行星对地球来说是一个巨大的威胁。于是出于更详尽地了解小行星的这一目的，人类迫切地开始了对它们的探索活动。

绝大多数的小行星都集中在小行星主带中，它分布于从火星轨道外侧 2800 万千米到距太阳约 5.98 亿千米的范围内，即木星轨道内侧 1.8 亿千米之间的广袤空间内。它们的空间分布是一条重要的线索，从中可以看出引力是如何作用于这片区域的——主带的内缘和火星椭圆轨道的形状几乎一模一样，而其外缘则明显贴合木星的轨道形状。在主带内部还有一些柯克伍德空隙，没有任何一颗小行星的轨道穿行其间。这是因为所有在这些空隙内的小行星，都会因为其特殊的轨道周期而有规律地和木星产生共振。这导致"不小心"进入这些空隙的小行星都会受到木星引力反复的"推挤"，后者会迫使它进入新的轨道。

虽然小行星主带中直径超过 100m 的小行星就有约 2 亿颗，但是它们分布在如此广阔的空间之中，所以其实它们彼此之间散得很开。第一艘飞往带外行星的探测器在经过主带的时候甚至连一颗小行星都没碰上，而前往木星的伽利略号还特别地被引导入了一条能近距离飞掠艾达和梅西尔德星的飞行轨道。仅这最初的两次飞掠就已经显露了小行星彼此之间巨大的差异——艾达是一颗卵形的天体，拥有一颗小卫星艾卫。天文学家基于它的引力对伽利略号

飞行轨迹所施加的影响而推断它是一个实心的岩石天体，而且其密度要低于高密度的地球岩石。另一方面，梅西尔德星是一个更大的天体，几乎呈球形，但是其质量却远小于艾达，这说明它几乎是一个"碎石堆"——只是一堆被引力束缚在一起的岩石，其内部很大一部分都是空的。以上这两种类型适用于大多数的小行星，但还是存在着特例，其中最奇特的就是第三大小行星——灶神星（见第 137 页）。

然而并不是所有小行星都集中在主带里，在靠近太阳的一侧存在着大量的近地小行星，它们之中很大一部分都是从柯克伍德空隙被抛射出来的，其轨道的近日点一般在火星轨道内侧，有一些甚至越过了地球轨道。根据它们的轨道形状，它们被分为阿莫尔型小行星（轨道近日点在地球外侧，轨道和火星轨道相交）、阿波罗型小行星（轨道与地球轨道相交，但大部分时间在地球外侧运行）和阿登型小行星（大部分轨道位于地球内侧）。而在主带的外侧，在木星轨道上存在着两个小行星群，它们被称为特洛伊型小行星。它们的轨道使其不是在远离木星的前端，就是在远离木星的后端运行，并且和木星之间的距离远到不会受其巨大引力的影响。

近地小行星中一颗被称为爱神星的天体，由于其独特的性质，成为了被研究得最为透彻的小行星。专为近距离研究近地小行星而制造的会合 – 舒梅克号探测器于 2000 年 2 月 14 日进入环绕这颗小行星的轨道。在进行了为期一年的勘测之后，探测器成功地在其表面实现了软着陆。这是一块长约 31km 的岩石，它令人诧异的巨大引力说明其内部是实心的。以天文学的时间尺度来说，像爱神星这样的近地小行星，其寿命相对较短——一旦被抛出主带，它们就会不可避免地进入带内行星的引力范围，

这可能会使它们直接撞向行星，或者把它们推入一条最终会落入太阳的螺旋形轨道。

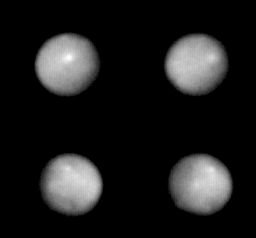

谷神星是所有小行星中最大的一颗，它位于主带的中心区域，公转周期为 4.6 年。我们对它知之甚少，但从这几张哈勃望远镜所拍摄的模糊图片中可以看出，它的地表大部分呈深色，并且在赤道附近还有一个神秘的亮斑。而且以它 960km 直径的大小，它的质量足以使自己成为一个球状天体。

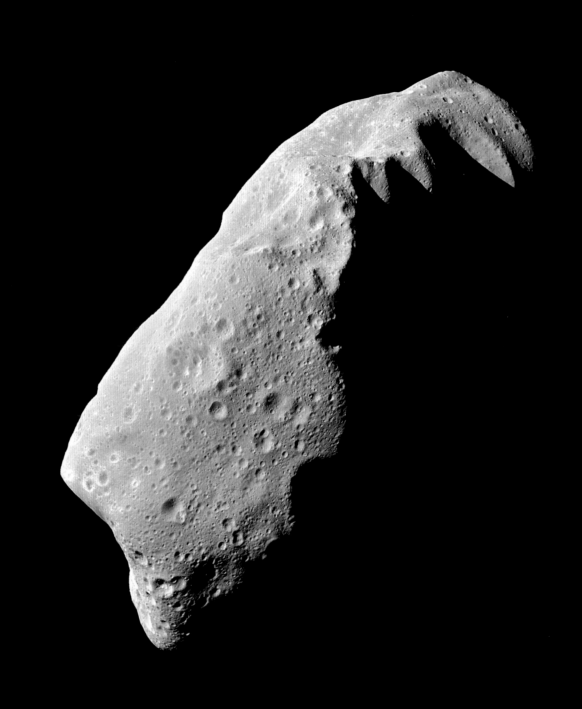

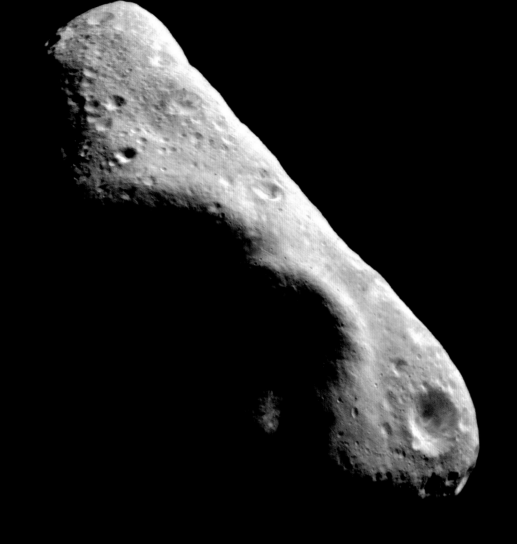

距太阳 2.18 亿千米	爱神星（小行星 433） 长度：31km 近地小行星	爱神星是被研究得最为透彻的小行星，会合－舒梅克号探测器绕其运转了整整一年的时间。爱神星是众多轨道位于主带内侧的近地小行星中的一员——它以 1.76 年的周期围绕太阳运转，并且在未来的 100 万年内，其轨道恰巧横截地球轨道的概率为十分之一。

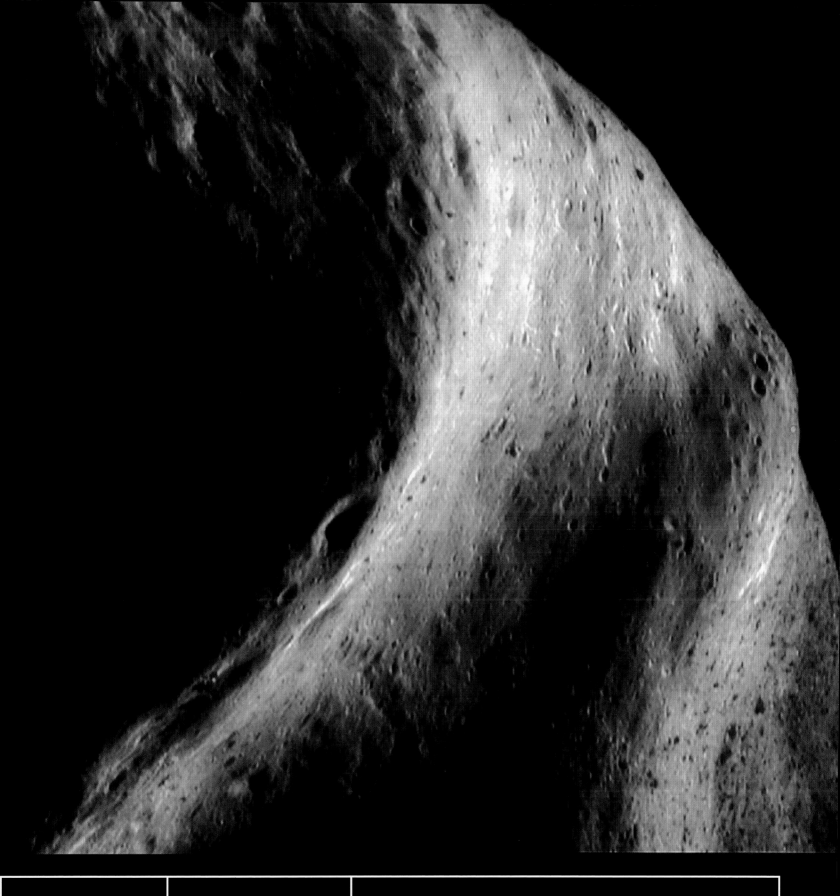

距太阳	爱神星（小行星 433）	
2.18	"马鞍"	爱神星上最显眼的地貌特征就是这个马鞍形的凹坑，它被称为希莫勒斯陨星坑。我们基本能确定这个位于爱神星凸面的凹坑是一个古老的撞击坑。一些最大可达 50m 的巨石散布在其右侧。爱神星最令人惊讶的特点就是它被严重侵蚀的表面，想必这是被无数微流星体撞击的结果。
亿千米	撞击坑	

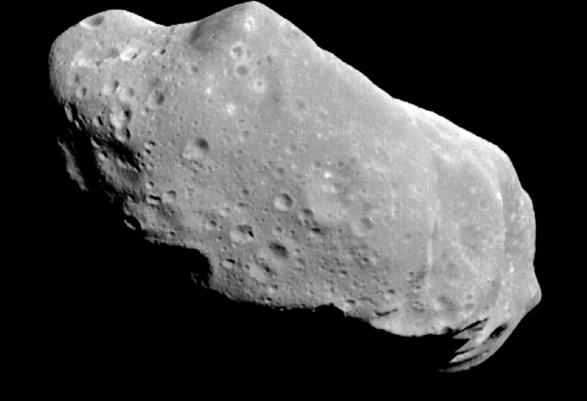

距太阳

4.28

亿千米

艾达（小行星 243）

长度：60km

主带小行星

我们得到的首张小行星的近距离清晰照片是飞往木星的伽利略号在 1993 年穿过小行星带时拍摄的。照片中的小行星 243 艾达是一颗不规则的岩石，它长 54km，大部分由富含碳的矿物构成。令人吃惊的是，艾达还拥有一颗 1.4km 宽的小卫星——艾卫。

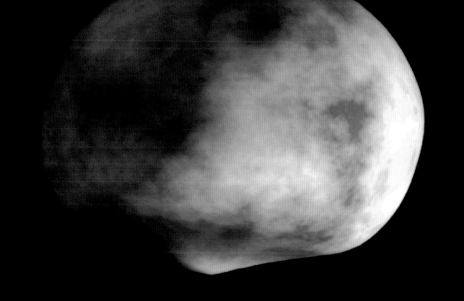

距太阳

3.53

亿千米

灶神星（小行星 4）

直径：560km

主带小行星

小行星 4——灶神星是第三大小行星。以它 560km 的直径，灶神星本应该是一个完美的球体，可是在这张哈勃望远镜拍摄的照片中，它的南半球呈现出怪异的形状——这是它形成初期遭受的一次巨大撞击造成的。灶神星也是唯一一颗表面覆盖着高反照率火山岩的小行星。这表明它曾经拥有的热量足以引发地质活动。

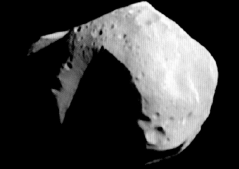

距太阳

3.96

亿千米

梅西尔德星（小行星 253）

长度：66km

主带小行星

　　梅西尔德星的引力相较其体积而言出奇的弱（它的直径约为66km）。会合 – 舒梅克号探测器于 1997 年飞掠它。根据它那时对探测器轨道产生的影响，天文学家推断它的密度大致与水相当。然而从表面上看起来，它和普通的岩质小行星并无二异，这说明它的内部一定像瑞士奶酪（瑞士奶酪为北美习惯称呼，即埃文达干酪，其外表光滑而内部有很多大大小小的洞眼。——译者注）一样布满了空洞。

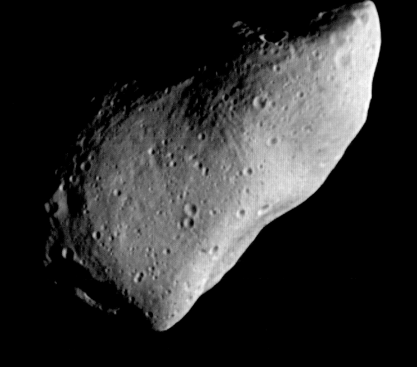

距太阳

3.31

亿千米

加斯普拉（小行星 951）

长度：18km

主带小行星

　　在到达艾达之前，伽利略号于 1991 年飞掠了加斯普拉。这颗长 18km 的小岩块是一颗 S 型小行星，即富含硅酸盐矿物和金属的小行星。未来，我们或许可以在 S 型小行星上开采金属——虽然开采和往返地球的过程十分繁琐，但直接开采它们蕴藏的高纯度金属可以省去冶炼和加工的环节，或许这样更经济。

狂暴的木星

木星是太阳系中最大的行星，加之它离地球的距离相对来说也不是特别远，故而在太空时代到来之前它就已经成为了地球观测者们的首要观测对象。虽然人们对木星表面多变的气象特征知之甚少，但还是把它们跟踪和记录了下来。另一方面，木星卫星的运动轨迹则透露了木星大致的质量和密度。它们都指向一个结果，即木星不是一个像比较靠近太阳的岩质行星那样的天体，而是一颗主要由气体构成的行星。

然而木星在太阳系中的位置意味着那时我们还无法将探测器发射到它附近，一直等到20世纪70年代，一种更强劲的新一代火箭推进器终于出现了。第一艘造访木星的探测器是先驱者10号，这是一艘相对较小、也不是那么精密的探测器，它的任务只是短暂地勘测这颗离我们最近的巨行星。很快地，先驱者11号就紧跟着到达了木星。这艘探测器和先驱者10号一模一样，而它的任务则是利用木星的引力改变航线，并且获得最大的速度增量以飞向土星——这是一次测试飞行，而这种变轨技术如今已经广泛应用在航天飞行中了。

先驱者号的造访为更多的科技应用提供了参考基础，并且催生了第二对更复杂的探测器的诞生——旅行者1号和2号。旅行者号于1977年发射升空，它们赶上了那时出现的一个罕见的现象，即四颗巨行星之间的位置关系极为特殊。这使探测器能依次造访它们。它们搭载了各种各样的探测器和实验装置，包括一台照相机，其性能远好于先驱者号上的装备。驱动这些仪器的电力来自一个放射性衰变元素电池产生的热能。

旅行者1号于1979年3月飞掠木星，旅行者2号紧跟着于同年7月飞掠。它们最大的成就是在勘测木星的四颗伽利略卫星（木卫一、木卫二、木卫三和木卫四）的过程中发现了它们的一些不为人知的特性。在旅行者1号飞掠木卫一之后回望拍下的照片中，可以看到在卫星边缘有一道巨大的弧形羽状物质喷向天际。木卫一出乎意料地拥有剧烈的火山活动。通过更深入的研究，天文学家发现其上有大量间歇泉，时不时喷发着液态硫黄；其表面还广布着充斥着熔岩的破火山口。

木卫二的情况则更奇特——虽然它表面不存在像木卫一那样的剧烈火山活动的痕迹，但是它的地表实在是太"干净"了。这种异常光滑的、被冰覆盖着且几乎没有环形山的地表意味着它一定长期处于变化之中，从而抹去了一切痕迹。然而木卫二的表面还存在着由暗粉色的冰构成的纵横交错的条纹。旅行者号背后的科学家们最终得出的结论是，在木卫二的薄冰壳之下很可能存在着一片极深的海洋，包裹着整颗星球。而它冰壳上细小的裂纹被从底部涌出的温暖的海水加热后，就产生了那些条纹。与木卫一类似，木卫二的内部一定也不是冷寂的，木星引力不断地向内核施加的作用力是其能量的来源。

虽然外侧的两颗伽利略卫星比另两颗都要大，但遗憾的是，探测器在木卫三和木卫四上却没有发现任何地质活动的迹象。它们都是寒冷死寂的星球。木卫三表面的亮区和暗区意味着它曾有过地质活动，而木卫四貌似自从它形成以来就没有改变过，它是一颗曾被频繁撞击的、布满岩石和冰的星球。

既然有了众多如此有研究价值的目标，那么就非常有必要再次向木星发射一艘探测器了。不同于旅行者号只能在飞掠的短时间内拍摄照片，伽利略号在经历了6年的长途飞行后，于1995年进入了环木星轨道，并且在和其他卫星一起环绕木星飞行的几年时间内，它多次近距离飞掠了所有的伽利略卫星。而在其上搭载的小型大气探测器还深入木星大气层，在被木星极高的大气压摧毁之前，探测器发回了大量珍贵的数据。伽利略探测器工作的时间远超过了其两年的设计寿命——随着电池容量的日益减小，最终于2003年收到控制中心的命令，坠入木星大气层。在8年的服役时间内，伽利略号彻底地改变了我们对这颗巨行星和其卫星的看法。

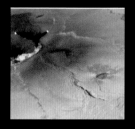

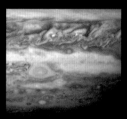 

左上：在木卫一地表这种沸腾的湖泊里面的是从地壳底下涌出的炽热熔岩，溶解在其中的硫化物也大量存在于木卫一地表的其他各个地方，这些硫化物赋予了木卫一丰富的色彩

右上：2006年初的时候，天文学家兴奋地发现，一个之前由众多风暴合并而成的超级木星风暴正在慢慢产生颜色，几乎可以媲美大红斑了。学界认为，这个新的风暴在变强大的同时还深入木星大气层，其底部所处的大气层正好和大红斑的底部一样——由具有丰富色彩的化学物质构成

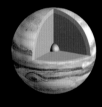

木星五彩缤纷的云系之下几乎全都是氢气。随着深度而不断增加的压力将木星大气变成液态氢，再深入下去则会变为液态的金属氢。木星拥有一个很小的内核。

距太阳	公转周期	轨道离心率	直径	表面重力	自转周期	轴倾角	天然卫星
7.783	11.86	0.048	142984	2.53	9.93	3.12°	63+
亿千米	地球日		千米	g	小时		个

距太阳	木星	木星的尺寸之巨大令人咂舌——这颗太阳系中最大的行星是如此之大，以至于图中位于它南半球的任意一个风暴（图中左侧的那些白色斑点和旋涡）的面积都要远远大于地球上最大的大陆。大红斑能毫不费力地装下两个地球，甚至还有富余。
7.783	卡西尼号拍摄的照片	
亿千米	气态巨行星	

| 距太阳 **7.783** 亿千米 | **木星** 大红斑 气象特征 | 　　大红斑是木星上最著名，也是存在时间最长的风暴。确切的观测记录始于 1830 年，而最早的记录可以追溯至 1655 年。大红斑的顶端云层高出周围大气层 8km，其底部则深深地扎入木星的大气——它从中抽取上来的化学物质在风暴云系的顶端冷凝后就形成了红色的云层。 |

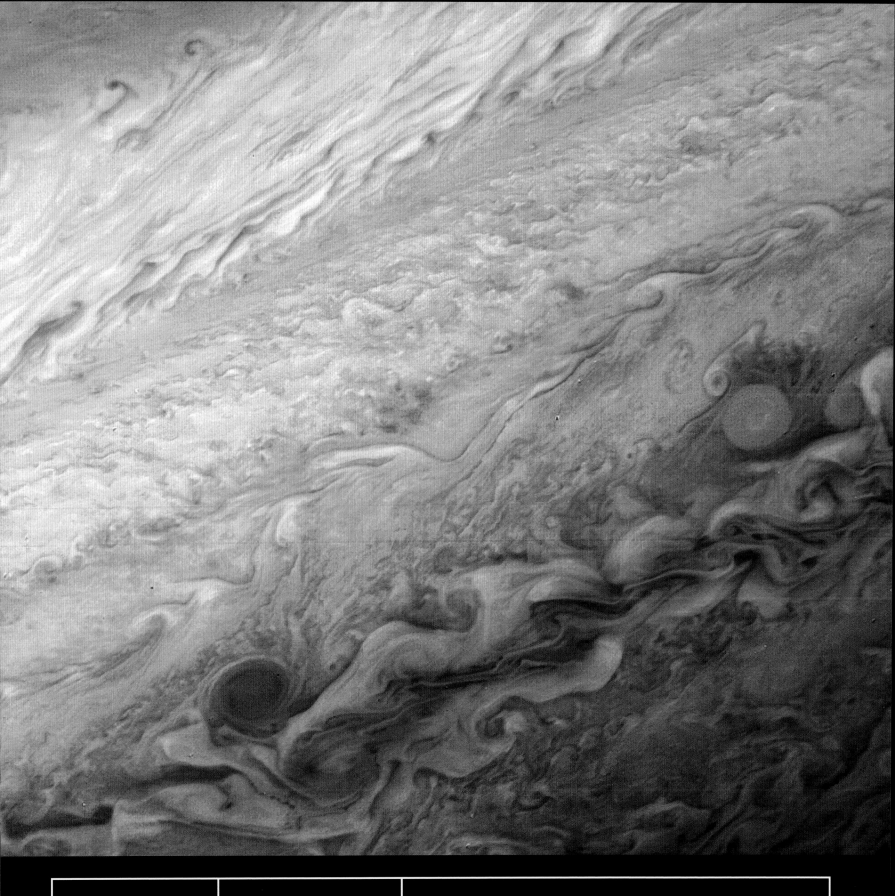

距太阳	木星	从这张旅行者 1 号拍摄的照片中能看到木星云层令人目不暇接的细部特征，而这只是一块很小的区域。不同颜色、不同高度的云层都会以不同的速度围绕木星转动。两道相对而行的云层相遇的地方则会形成抬升气流，由此制造出的旋涡被称为"花彩"，偶尔脱离云层的"花彩"则会继续发展，形成风暴。
7.783	云层和风暴	
亿千米	气象特征	

距太阳	木星	在这张由位于地球上的大型双子望远镜拍摄的红外照片中，我们能看
~~7.783~~	红外线下的木星	出木星正在向外散发巨大的热量。事实上，木星散发的热量比它从太阳接收到的还要多。这意味着它的云层中蕴含着巨大的能量源。学界认为木星
亿千米	气态巨行星	的内部仍在进行缓慢的重力压缩，而此过程会释放出热能。

距太阳

7.783

亿千米

木星

暗带和亮区

气象特征

木星云层的暗色和亮色条带分别被称为暗带和亮区。亮区在大气中所处的位置在暗带之上。木星的云带类似于地球大气中的高气压和低气压区域，但是木星快速自转而产生的强大的科里奥利力把它们拉伸成了和赤道平行的条带。

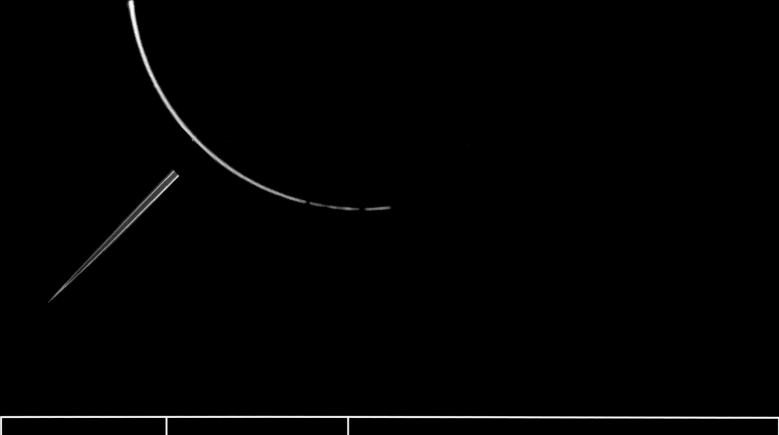

<table>
<tr><td>距太阳

7.783

亿千米</td><td>木星

木星环

行星环系统</td><td>　　与其他巨行星一样，木星也拥有自己的行星环。然而木星环非常薄，只是一个由尘埃组成的薄盘面，其外缘延伸至木星内卫星的轨道，只有在逆光的时候才能观测到它。正因为此，木星环一直不为人知。直到 1979 年旅行者 1 号飞掠木星后，在反眺木星并拍下它的夜晚时才发现木星环的存在。</td></tr>
</table>

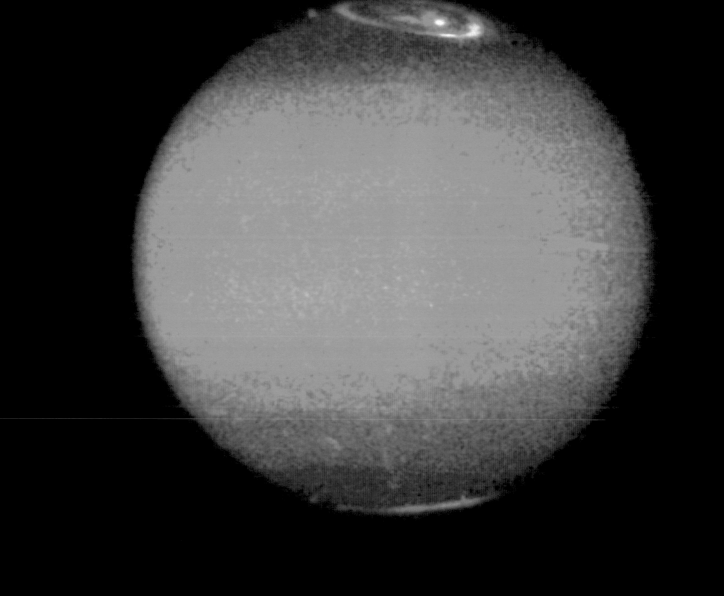

距太阳	木星	木星的磁场比地球的强十多倍——它能一直延伸到土星轨道附近。其磁力产生于行星地幔里液态金属氢中的电流。和地球上的一样，木星磁场也会把太阳风中的带电粒子引向两端的磁极，当这些粒子接触到大气的时候就会产生绚丽的极光。
7.783	木星的极光	
亿千米	大气特征	

距太阳 7.783 亿千米	木星 彗星撞击残迹 大气特征	1994 年，天文学家观测到了人类在太阳系中见到过的最大的一次天体撞击事件——舒梅克－列维 9 号彗星在早先接近木星的过程中被木星引力撕裂成了几块碎片，之后便撞向了木星表面。学界认为，木星就好像是内太阳系的"守护天使"，它会阻断或者摧毁那些原本可能撞向地球的彗星。

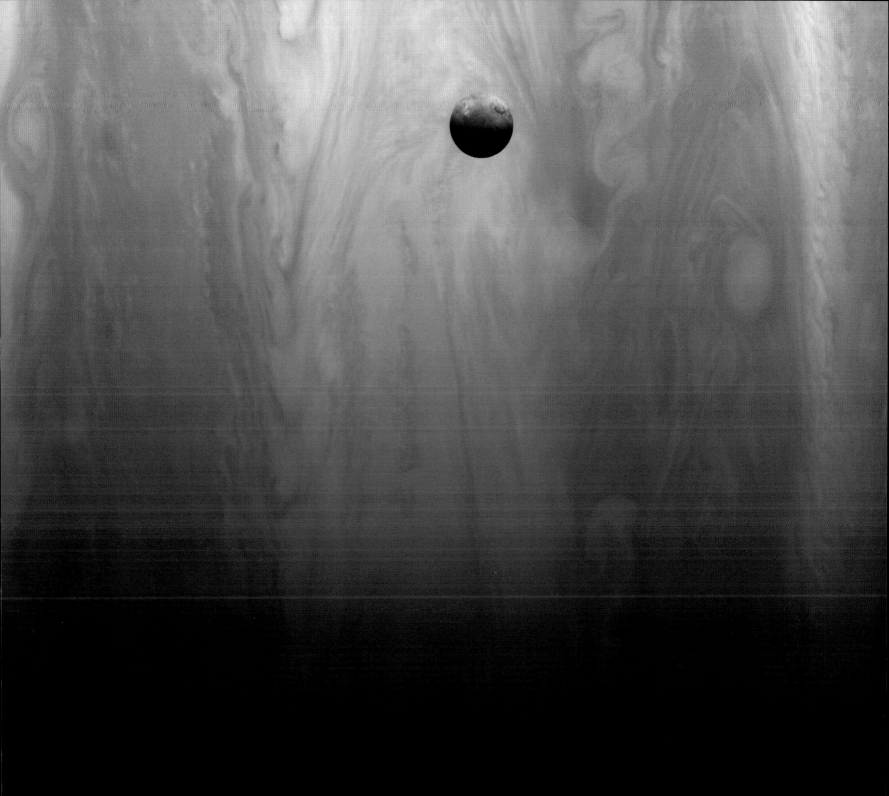

| 距木星

 万千米 | 木卫一

 木卫一与木星

 岩质天然卫星 | 　　这张图片由飞掠木星的卡西尼号探测器拍摄，在图中离木星最近的大卫星木卫一处于木星的"明暗交界线"之上。木卫一环绕木星一周仅需约42个小时，它略微椭圆的轨道也使木星引力对它的作用力不停地变化。因此整个木卫一都在被轻微地挤压和拉伸，而由此产生的潮汐效应远大于地球和月球之间的效应。 |

距木星	木卫一	木星施加于木卫一之上的强大潮汐力保持了卫星内部炽热和活跃的状
~~42.16~~	直径：3643km	态，因此木卫一成为了全太阳系中火山活动最为活跃的星球。从这张由伽利略号拍摄的照片中，天文学家能辨识出超过 200 个直径大于 20km 的火山口和破火山口。木卫一的大部分火山都会喷发出色彩丰富的硫化物。
万千·米	岩质天然卫星	

距木星	木卫一	木卫一上最明显的火山活动就是这种像蘑菇一样的羽状喷发物，它的
42.16	硫黄侵蚀痕迹	高度有时可达数百千米。喷发出这些物质的喷口类似于地球火山地区的间
		歇泉，然而在这里它们喷出的不是水柱，而是熔化的二氧化硫。大部分羽
万千米	火山羽状喷发物	状喷发物都会重新以"霜"的形式落回木卫一表面。

| 距木星

万千米 | 木卫二

直径：3122km

岩 / 冰质天然卫星 | 伽利略卫星中的第二颗，也是最小的一颗。和它的邻居木卫一不同，它是一颗粉白色的卫星，外围还包裹着一层由氧气构成的稀薄大气层。它地壳的大部分其实都是水冰，表面布满了纵横交错的粉色条痕。它表面为数不多的环形山分布得非常稀疏，这意味着其地表经常发生变化，从而抹去了环形山的痕迹。 |

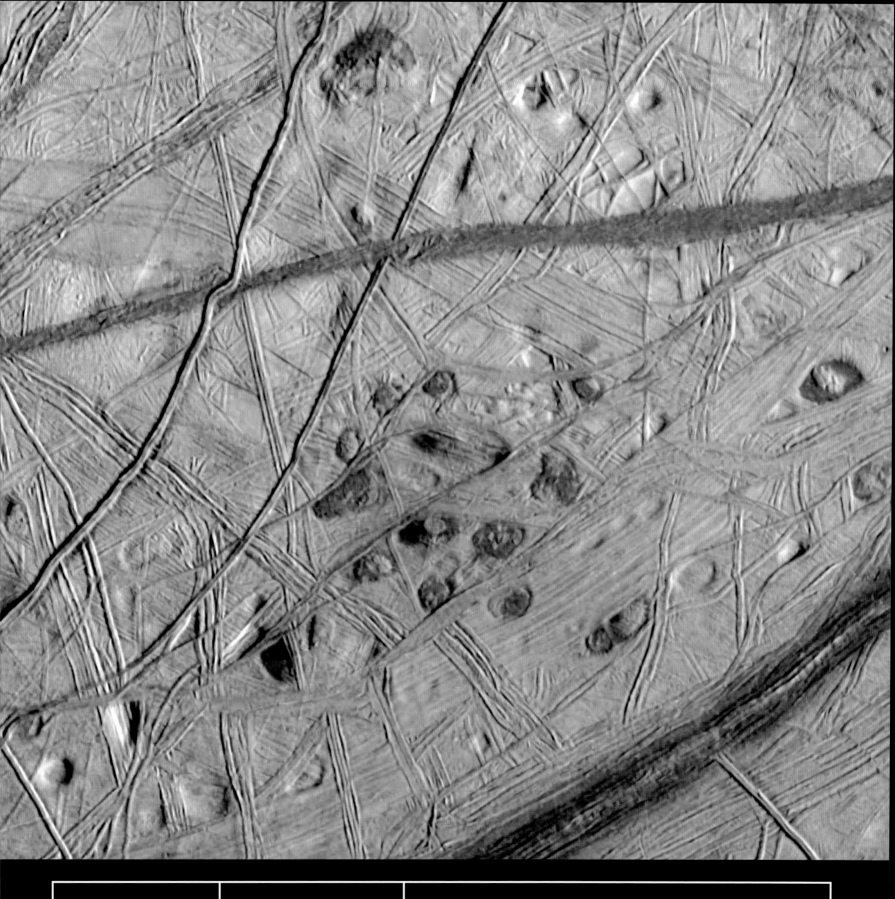

距木星	木卫二	越靠近木卫二，它表面冰层的特征就越明显。这张由伽利略号拍摄的
67.09	斑点与条纹	照片把这些"疤痕"放大到了可以看清几乎彼此平行的细纹的地步。虽然 存在这些地貌特征，木卫二还是一颗非常光滑平整的星球——如果把它放
万千米	冰层特征	大到地球的大小，那么其表面地貌的高低差不会大于 200m。这是由于漂 浮的冰壳会自动抹平过高或过低的地形。

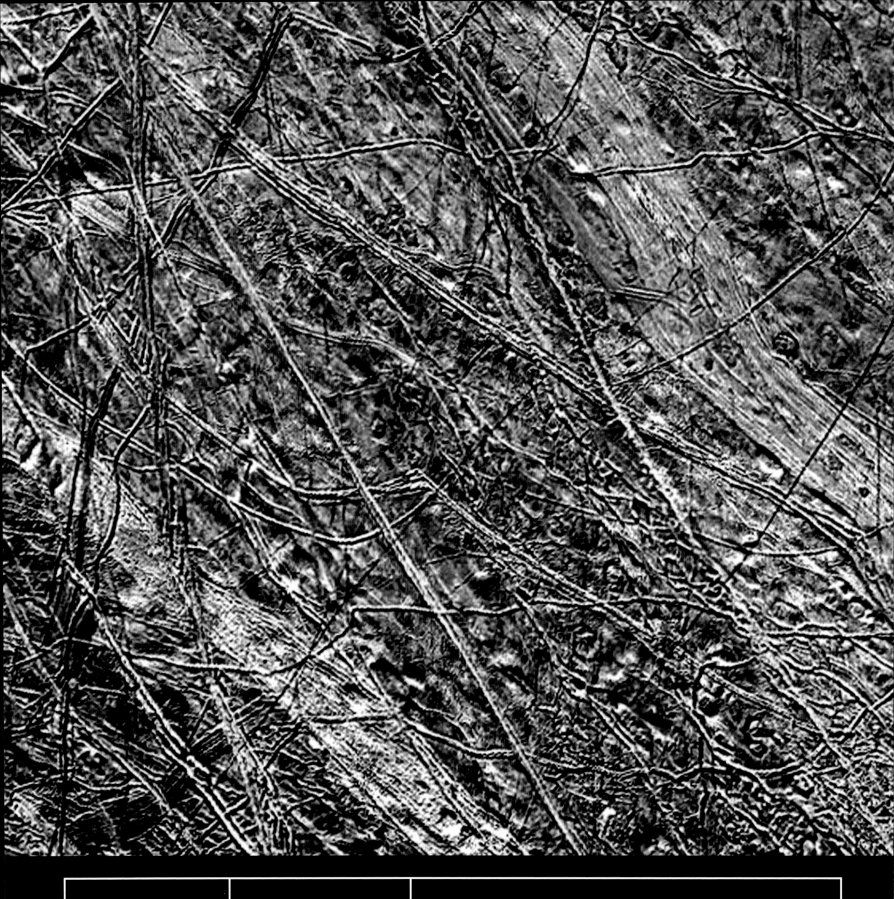

距木星	木卫二	研究者们对这幅木卫二表面条纹的近距离照片进行了色彩增益,从中可以看出,虽然它们产生在冰层之上,但是条纹里会混入深棕色的硫化物。现在我们知道木卫二的冰壳漂浮在地下海洋上,使海洋呈液态的热量来自于木星的潮汐力,和木卫一受到的一样。当冰壳偶然破裂的时候,底部的海水会涌出破口,重新结冰,补全裂纹。
67.09 万千米	双重条纹 冰层特征	

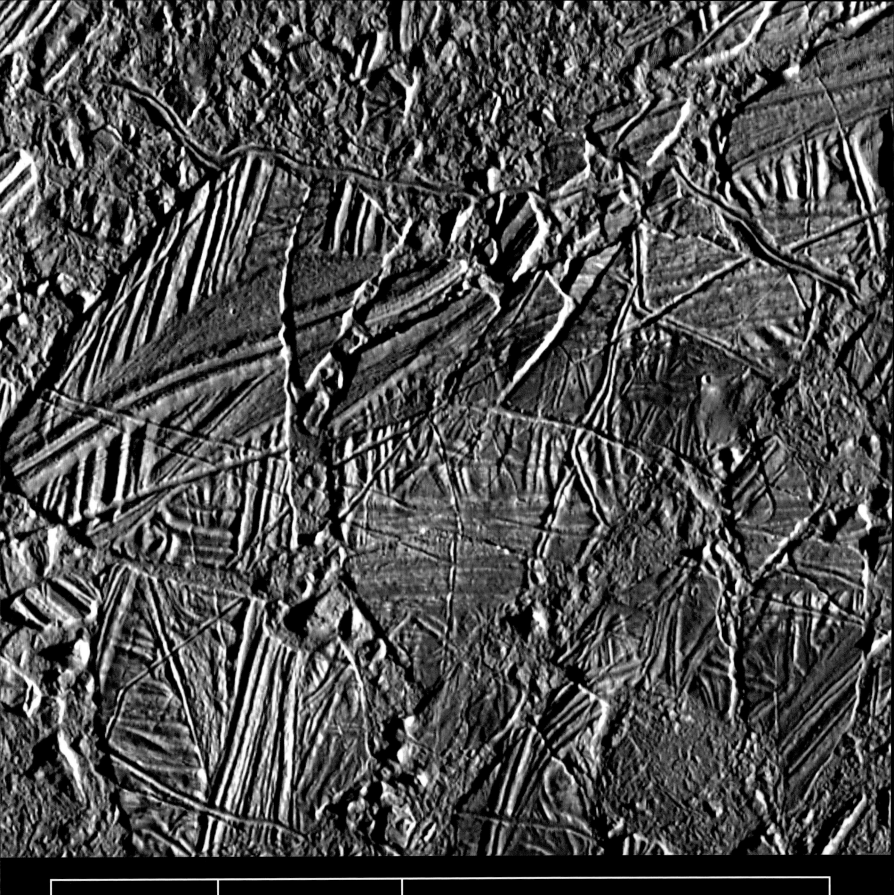

距木星	木卫二	木卫二另一些地区的冰壳有点儿类似于地球极地地区出现的浮冰。然而木卫二表面的冰层更为恐怖——学界认为它的厚度达10km，底下的海洋则深至100km。太阳系内最大的未解之谜就是生命是否会如同地球上的生命那样存在于木卫二的海底火山周围。
万千米	康纳马拉混沌 冰层特征	

距木星	木卫三	木卫三是一颗白褐色相间的星球，它是太阳系内最大的卫星，也是离
107	直径：5262km	土星第三远的伽利略卫星。虽然它并不像木卫一和木卫二那样能给人留下
万千米	岩 / 冰质天然卫星	深刻的印象，然而在它灰暗的古老表面覆盖有明显的亮条纹，这些是它过去活跃的地质活动所留下的痕迹。

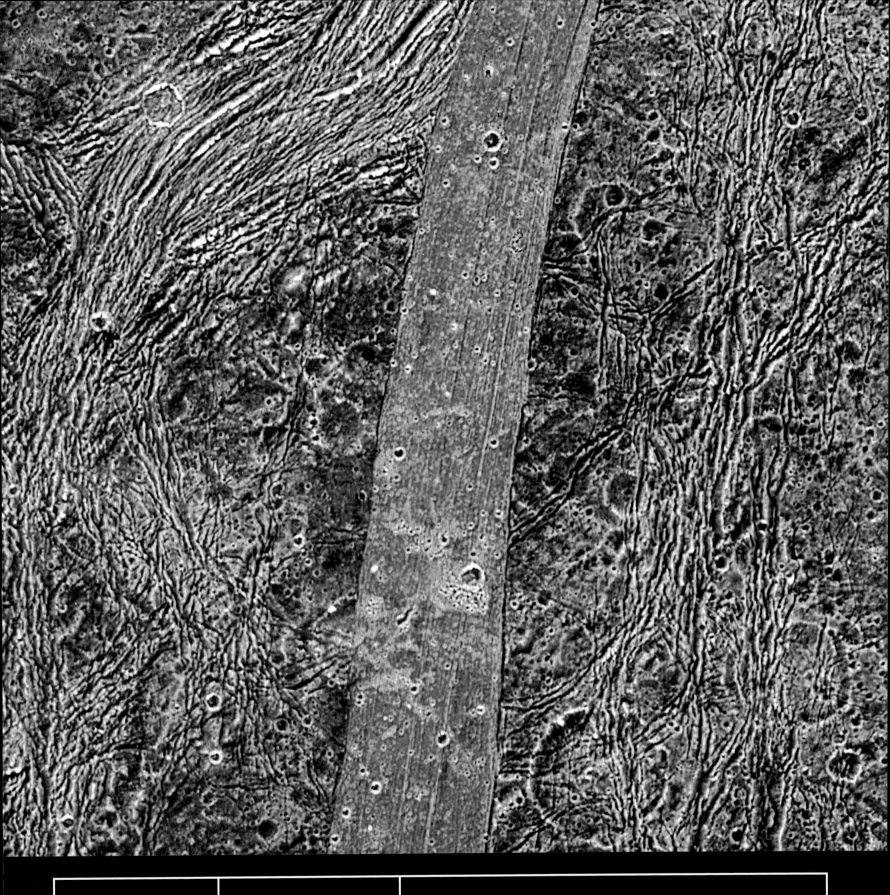

距木星 **107** 万千米	木卫三 埃尔比勒皱沟 冰层特征	这些彼此平行的山脊叫作皱沟。在它们附近，木卫三的地壳曾经被拉伸开来，致使条状的断层相互滑动，像倒下的多米诺骨牌一样彼此堆叠在一起，而从地底涌出的熔岩冷固后则填补上了其中的空隙。在有些皱沟上还能看到之前地貌破碎后所留下的痕迹，比如山脊之中的那些环形山。

距木星	木卫四	
188.3	直径：4821km	和其他伽利略卫星相比，木卫四自它形成以来就没什么改变。它巨大的尺寸加上在环木星轨道的"流星体撞击带"中的位置，这两个因素决定了它的外貌——它可能是太阳系最频繁地受到陨星撞击的天体。木卫四表面四散的冰质溅射物是被一些强大的撞击抛射出的，这些撞击的力量十分巨大，甚至穿透了它深色的地壳。
万千米	岩 / 冰质天然卫星	

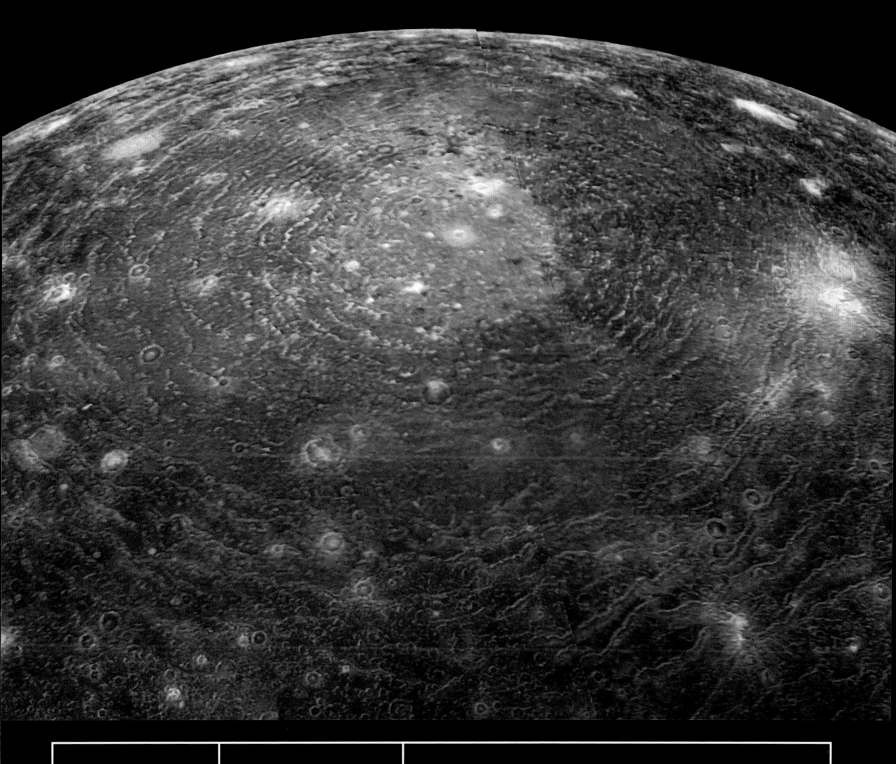

距木星

188.3

万千米

木卫四

瓦尔哈拉盆地

撞击盆地

变余结构是古老、巨大且中心反照率很高的撞击盆地。在木卫三和木卫四上都发现了它们。其形成的原因可能是这样：巨大的撞击首先击穿了地壳，使下层泥泞的冰向外涌出，之后便覆盖住了先前地质活动留下的痕迹。位于瓦尔哈拉盆地中心的变余结构是目前为止所发现的同类结构中最大的。

环绕土星

这颗广为人知的带有光环的行星在望远镜时代之前一直是我们太阳系的边界。当伽利略把他自制的望远镜对准土星时，他发现这颗行星的外形有些异样。于是他得出的最终结论是，有两颗巨大的卫星在非常靠近土星的地方运转。另一些人则认为土星本身就是畸形的，或者可以换一种说法，它有两个"把手"。然而土星环在 1612 年突然"消失"的事件，使人们对它越发感到不解。其实这是土星环特有的周期现象，当其侧面正对地球的时候，它看起来就好像"消失"了一般。真相一直等到 1655 年才被揭开，荷兰天文学家和望远镜制造家克里斯蒂安·惠更斯（Christiaan Huygens）使用了一架比伽利略时代强大得多的望远镜来观测土星，并且得出了正确的结论：土星有一个非常宽，而且非常薄的环。然而直到两个世纪之后，詹姆斯·克拉克·麦克斯韦（James Clerk Maxwell）才提出：土星的环其实由无数的小颗粒组成，它们每一个都在自己的轨道上独自环绕土星运行。到那时为止，其他天文学家已经辨认出了许多不同的次环以及它们之间的环缝。

土星的表面对人类来说也一直是一个谜——在望远镜里，它看起来几乎是一片淡黄色的，有时候会出现几个亮白色的风暴。很明显地，它是一颗像木星一样的气态行星，但是除此以外，人们几乎一无所知。

然而在 1979 年先驱者 11 号飞掠土星之后，科学家们开始慢慢了解土星——例如探测器对土星的质量进行了测量，其结果显示它是全太阳系内密度最小的行星（理论上，它可以浮在水面上）。它也是所有行星之中形变最严重的一颗——它的低密度加上约 10.2 小时的自转速度使得它赤道附近的部分非常凸出，因此，它两极之间的直径远远小于赤道部分的直径。

在旅行者号到达土星之后的 1980—1981 年之间，我们对它和它所拥有的大量卫星的认知经历了飞速的增长——这颗看似平静的行星其实和木星一样汹涌无比，但是它的上层大气温度更低，使含有氨的不透明云层在这里冷凝，从而遮蔽了其下色彩艳丽的云层。

而土星环事实上比科学家们先前猜测的还要壮观——每一个大环都由上百个彼此独立、界限清晰的小环组成，而且它们还会时不时地受到来自或大或小的卫星的扰动。

土星的卫星系统和木星的非常不同。虽然它们都拥有几十颗卫星，而且其中大多数都是被捕获的过路小行星，但是最靠近它们两者的几颗"天然"卫星（形成于母星附近的轨道上）却有很大的差别。和木星的其他卫星相比，它的四颗伽利略卫星都十分巨大；土星却只有一颗那样的巨型卫星——土卫六，而其他大多数都是中等大小的各种岩质和冰质星球。因为土卫六是全太阳系内唯一拥有浓密大气层的卫星，所以它立即成为了旅行者 1 号的特定考察目标。然而旅行者 1 号的近距离飞掠只发现了一个不透明的橘色球体，其大气成分为氮气和甲烷。

和木星的情况一样，科学家们在很长一段时间内都急需一艘环绕土星的探测器。经过多年的酝酿和 7 年的旅程，精密的卡西尼号探测器终于在 2004 年进入了环土星轨道。它搭载了高分辨率照相机、能穿透土卫六大气层的红外探测仪，甚至还有一艘目标为土卫六的无人着陆器。正在进行中的卡西尼号计划已经再次改变了我们对土星及其卫星的看法，它至今仍在源源不断地传回珍贵的数据和壮观的照片。

左上：惠更斯号于 2005 年着陆在土卫六表面，它着陆的地点位于一条甲烷河的河口，其周围是覆盖着冰霜的石块。在土卫六的低温环境下，甲烷就像地球上的水一样，以固态、液态和气态的形式存在着。

右上：这张展现土卫二表面正在喷发水蒸气的照片是由卡西尼号拍摄的。一个如此小的星球的地下竟然有液态水，这点有待于我们现在建立的小天体地质活动学说。

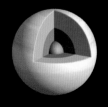

在土星外层大气之下，氢气和氦气会因为压力变成液态。在土星更深处，氢气的分子结构会被破坏，从而变成液态的金属氢。土星的中心有一个由岩石和冰组成的内核。

距太阳	公转周期	轨道离心率	直径	表面重力	自转周期	轴倾角	天然卫星
14.3	29.46	0.056	120536	1.07	10.66	26.73°	56+
亿千米	地球日		千米	g	小时		个

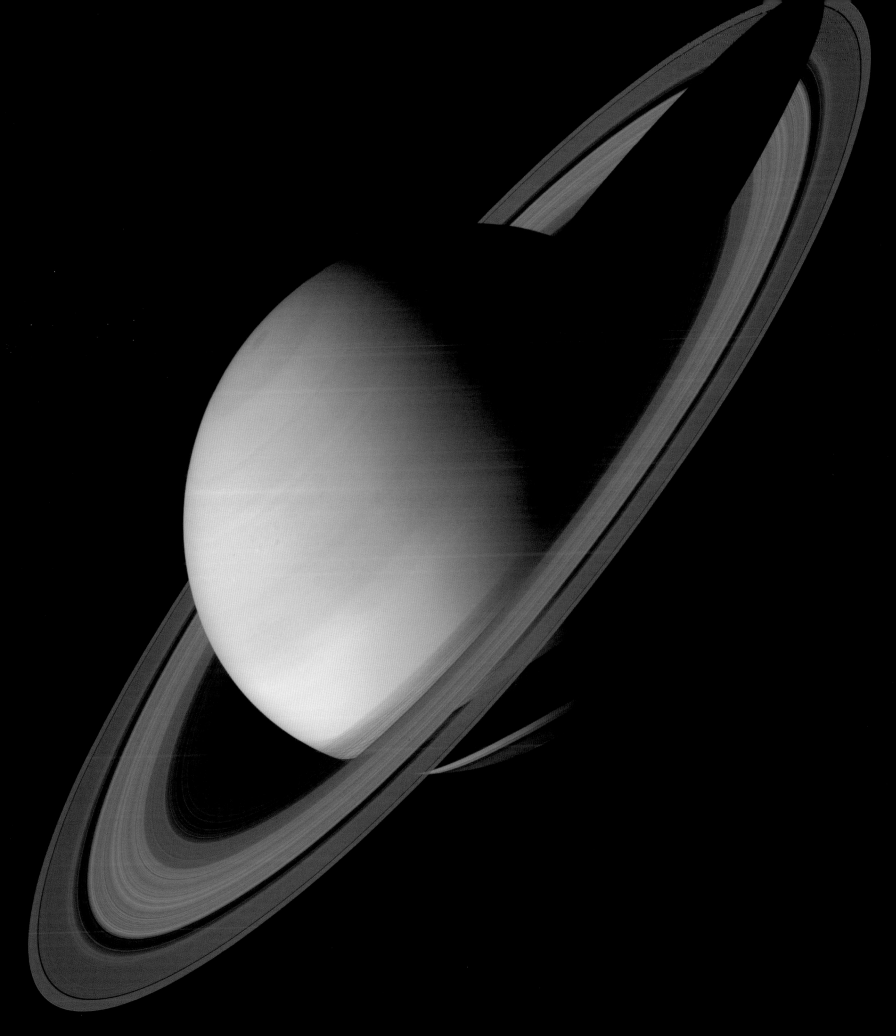

距太阳	土星	虽然和木星相比，土星看起来是一颗平静的星球，但千万别被它的外表欺骗了。这张由卡西尼号拍摄的照片经过了色彩增益，我们从中可以看出，土星表面也非常活跃。而一般情况下，这些都会被它大气层顶端的不透明的氢所掩盖。从地球上看，我们只能通过其上偶尔出现的"白点"才能看出土星也是一颗充满风暴、汹涌无比的星球。
亿千米	云带 气象特征	

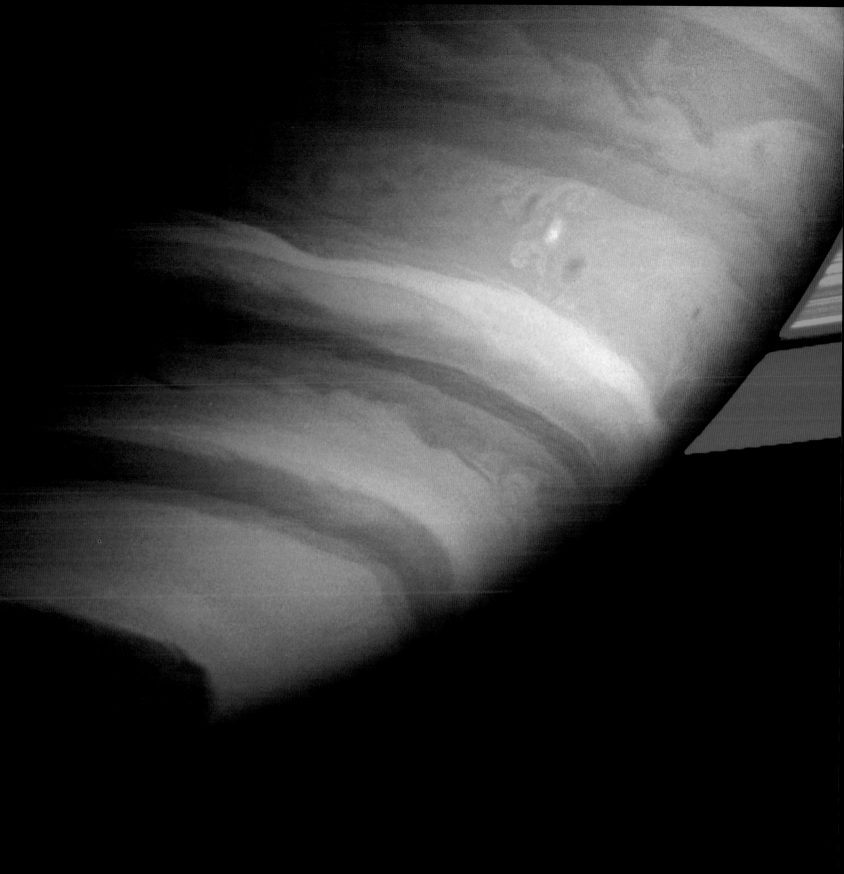

距太阳	土星	如同木星那般，土星也有平行于赤道的亮区和暗带。请注意这张由卡
14.3		西尼号拍摄的照片的上方，那里有一个淡红色的旋涡，它是土星大气中的
	龙纹状风暴	一个巨型雷暴。这个雷暴大到能装下整个美国！它产生了爆裂的闪电，其
亿千米		能量超过地球上闪电的 1000 倍。这种风暴能在木星和土星的大气中持续很
	气象特征	长的时间。

距太阳	土星	这张壮观的全景图包含了土星环的 5 个结构，看起来就像黑胶唱片的纹路一样。土星环被分为不同的区域，这主要依据环之间的环缝和不同环的颗粒大小来区分——从内向外依次为稀疏的 D 环、暗淡的 C 环、明亮的 B 环、几乎没有颗粒物质的卡西尼环缝、A 环（包括狭窄的恩科环缝）以及线状的 F 环。
	主环	
亿千米	行星环系统	

距太阳	土星	
14.3	环的阴影	土星环会在行星上投下巨大的阴影，产生复杂的条纹图案。组成土星环的每一颗微粒和尘埃都在土星赤道上空的正圆轨道内运动，这样它们就不会相互撞在一起。但是有时候它们完美的圆轨道会被靠近土星的卫星的引力干扰，从而在环上形成"轮辐纹"和"波纹"。
亿千米	行星环系统	

距太阳	土星	如果从土星赤道的正上方观察的话，它的环会变成一条几乎无法察觉的细线，其厚度只有区区几百米，最明显的也只有在环的上方运行的土卫二。图中进入冬季的土星北半球被阳光染成了独特的蓝色，这是因为阳光在穿过土星大气层时经过的路程变长了，从而导致光线的散射更加明显。
14.3	环的侧向	
亿千米	行星环系统	

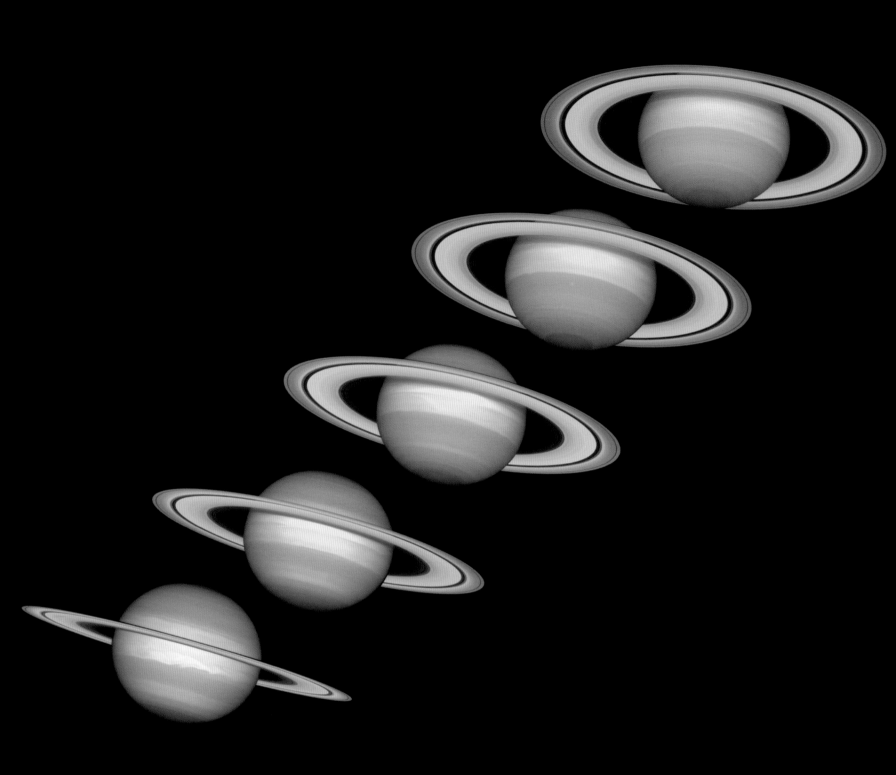

| 距太阳
14.3
亿千米 | 土星

环的倾移

行星环系统 | 　　因为土星自转轴角度偏离"正上方"26.7°，所以从地球的视角看来，它朝向我们的角度一直处在变化之中。土星每过 15 年就会以正侧面朝向地球，那时它的环会完全"消失"。从哈勃空间望远镜拍摄的这一系列照片中，我们可以看到土星环（南面观）自"消失"之后慢慢"张开"的景象。 |

| 距太阳

14.3

亿千米 | 土星

极光

大气特征 | 　　太阳风中裹挟着的粒子被土星磁场引向两极，从而形成了极光。然而不论是在地球还是木星上，土星上的这种螺旋形极光都不会出现。图中显示的蓝光是它们在紫外光下呈现的色彩——在可见光下它们是红色的，而且很可能会被土星明亮的表面反照光所遮掩，从而变得难以辨认。 |

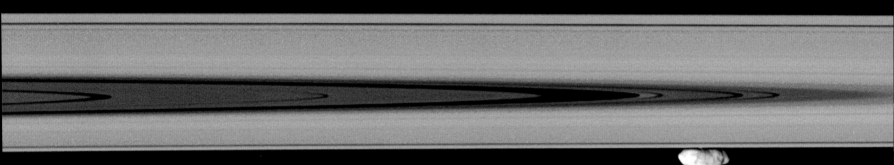

距土星	土卫十六	
13.94 万千米	长度：119km 冰质天然卫星	土星的主环内有无数微小的卫星，然而在被近距离拍摄过的卫星之中，离土星最近的两颗是土卫十六和土卫十七。它们被称为"守护卫星"，其中一个的轨道紧贴在线状的 F 环内，另一个在 F 环外。它们的引力将组成 F 环的微粒约束在一个狭窄的圆环内。图中，土卫十六在远处，近处的是和它相邻的另一颗卫星——土卫十。

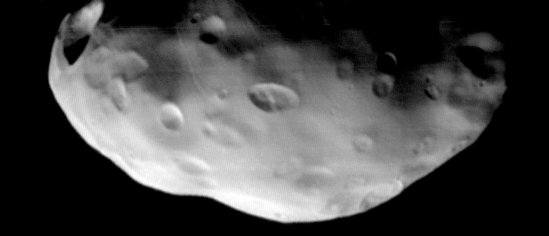

距土星	土卫十七	F 环的第二颗"守护卫星"是土卫十七。它是一颗宽 84km、外形不规则且布满撞击坑的天体。土卫十七和与它类似的卫星可能是一颗大卫星破碎后所留下的较大的碎块,而其他的小碎块则构成了土星环的一部分。它们表面的环形山意味着一些偶发的撞击曾剥落了卫星的一部分表面物质,如此一来,组成土星环的微粒就会不断地得到补充。
14.17 万千米	长度:103km 冰质天然卫星	

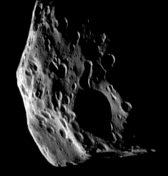

距土星	土卫十一	棱角分明的土卫十一看似是一个大天体破碎后的残存物，它很可能和
15.14	长度：138km	土卫十同源。如今，这两颗卫星之间的关系却十分复杂：一般情况下，它们之中的一颗卫星的轨道会比另一颗的更靠近土星50km，这意味着其中一颗运行得较快，进而必然会在某一刻超过另一颗一整圈。而当它们相遇时，它们就会"互换"轨道。
万千米	冰质天然卫星	

| 距土星

18.55

万千米 | **土卫一**

直径：397km

冰质天然卫星 | 　　土卫一和《星球大战》电影中的死星太空要塞的相似程度简直就是一个鲜活的"生活模仿艺术"（这是亚里士多德"模仿说"的反面，被称为"反模仿说"。亚里士多德认为，艺术是对现实世界内在本质和规律的模仿。而此学说的观点正好相反。——译者注）的例子。它表面上的"雷达盘面"其实是巨大的赫歇尔环形山。它的直径达140km，超过了卫星直径的三分之一。如果它再大一些，土卫一当初就会被完全击碎。 |

距土星	土卫一	直径约为 397km 的土卫一是所有土星大卫星中离土星最近的一颗，它运行在稀疏但宽阔的 E 环之内。就像这张壮观的图片一样，土卫一经常能出现在以土星和环为背景的景象中。图中，土卫一"悬浮"在土星被阳光染成蓝色的北半球的前方，环的阴影投射在土星上，形成如帘幕一般的图案。
万千米	土卫一与环的阴影 冰质天然卫星	

距土星	土卫一	在卡西尼号的另一张照片中，土卫一又出现在了土星的前方，其后方
12.55	A 环上方的土卫一	则布满了环的阴影。阴影中的那条明亮光带是阳光穿过卡西尼环缝，进而
万千米	冰质天然卫星	照射到土星上而产生的。A 环横穿过图片的下方区域，在 A 环下方的是卡西尼环缝，其上方的则是线状的 F 环。

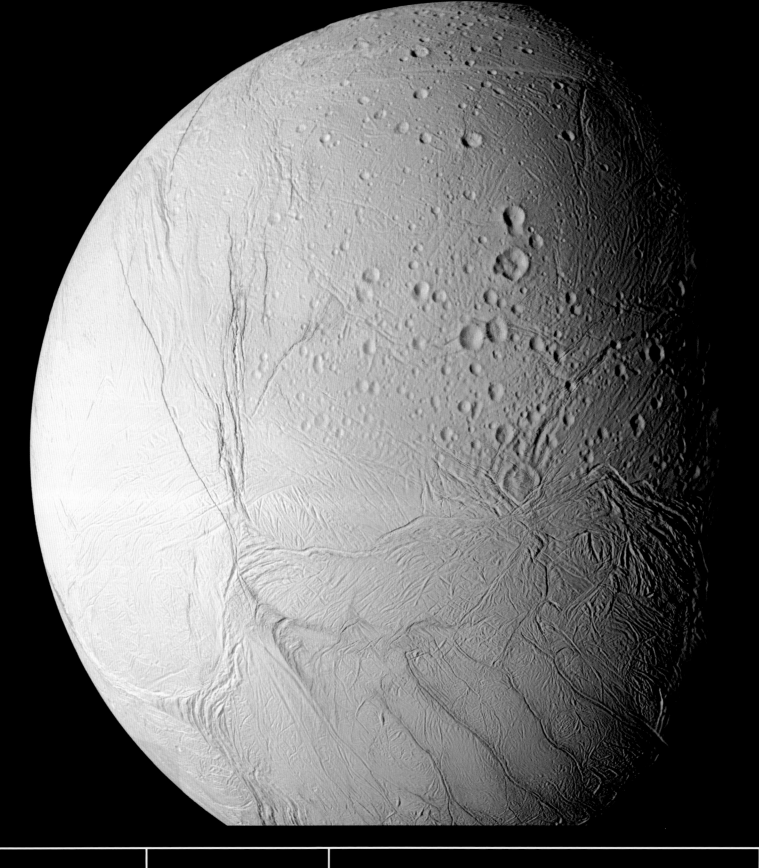

距土星	土卫二	土卫二是离土星第二近的大卫星，它的表面反照率比太阳系中任何天
23.8	直径：512km	体的都要高，所以它几乎是一个雪白的世界（这张图片进行了色彩处理以突出颜色差异）。它几乎全由冰构成，加上因运行中接近土星而产生的潮汐热能，这两个因素结合在一起造就了它表面喷发出水蒸气的间歇泉。水
万千米	冰质天然卫星	蒸气会被定期喷射入太空中，再以雪的形态落回地表。

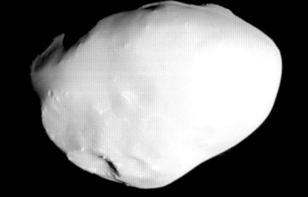

距土星	土卫十三	微小的土卫十三是一颗罕见的"共轨道"卫星。它和比它大得多的土
29.47	长度：30km	卫三共用一条轨道，但是它始终超前土卫三60°，和它保持很长的一段距离。另一颗小卫星——土卫十四则落后土卫三60°。这两颗共轨道卫星等
万千米	冰质天然卫星	同于和木星共用轨道的特洛伊型小行星。

距土星	土卫三	离土星第三近的大卫星是土卫三，它比土卫一和土卫二都大得多。土
29.47	直径：1072km	卫三表面也相对比较明亮，然而它表面的环形山要比土卫二多很多。图中
万千米	冰质天然卫星	能看到的最大的环形山得名于珀涅罗珀：在古希腊神话中，她是奥德修斯的妻子。另一个比它大得多的奥德修斯环形山则位于该卫星的背面。

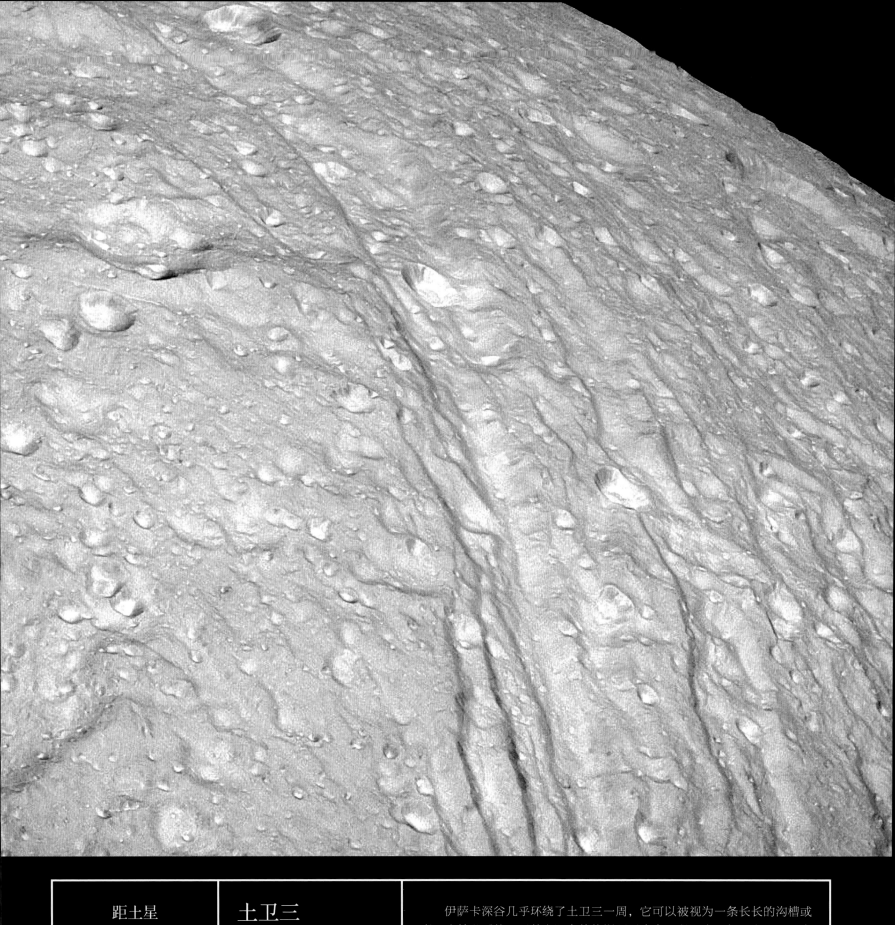

距土星 万千米	土卫三 伊萨卡深谷 地壳断层	伊萨卡深谷几乎环绕了土卫三一周，它可以被视为一条长长的沟槽或者一个峡谷系统。虽然它距奥德修斯环形山有一段距离，但是它和环形山山脊却是平行的。而以这座环形山的大小来看，它的深度实在是浅得不可思议。学界认为，土卫三地壳中的冰在自身的重量下突然塌陷，所以在使环形山高度降低的同时还制造了这条巨型的断层。

距土星	土卫四	这幅图中的土卫四正"悬浮"在土星环之上。卡西尼号搭载的数码摄像机对亮度的变化十分敏感，但却不能很好地探知色彩的差异。为了使拍摄的照片能呈现出本真的色彩，卡西尼号在拍摄每一张照片的同时分别使用了红色、绿色和蓝色滤镜，之后，天文学家再将这些照片重新合成为一张。
37.74 万千米	直径：1120km 冰质天然卫星	

距土星	土卫四	在旅行者号 1980 年首次拍摄下土卫四的照片时，天文学家就发现其表面一个十分显眼的地貌特征——它灰暗的地表上存在着一些网状的明亮条纹——之后这个特征被命名为"细纹地貌"。在这张由卡西尼号拍摄的照片中，我们可以在卫星的左侧看见一部分条纹。而卡西尼号在进行更近距离的飞掠之后发现，这些条纹其实是长而明亮的冰崖。
37.74	细纹地貌	
万千米	冰层特征	

距土星	土卫五	相较于土卫三和土卫四，土卫五上的环形山要多得多，而且它看起来也更暗。这意味着自它形成以来，土卫五基本没有改变过。但这却和以下的论点相矛盾，即较大的天体，其地质活动应该更剧烈，因为在它们形成之初有更多的能量被留存于其中。对此的最佳解释是土卫五更高的密度使它冻结得比另两颗卫星更致密，从而削弱了它的地质活动。
万千米	直径：1528km 冰质天然卫星	

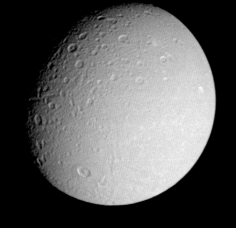
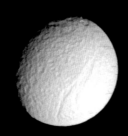

距土星	土星	这张美妙的照片由卡西尼号拍摄。图中，土卫四、土卫三和土卫十七恰巧位于土星环的上方。然而由卡西尼号和其他探测器拍摄的照片，其巨大的空间尺度和放大倍率有时会欺骗我们的双眼——在这张图片中，土卫四和土卫十七其实位于环的近端，而土卫三则位于环的远端。
143	土卫四、土卫三和土卫十七	
万千米	冰质天然卫星	

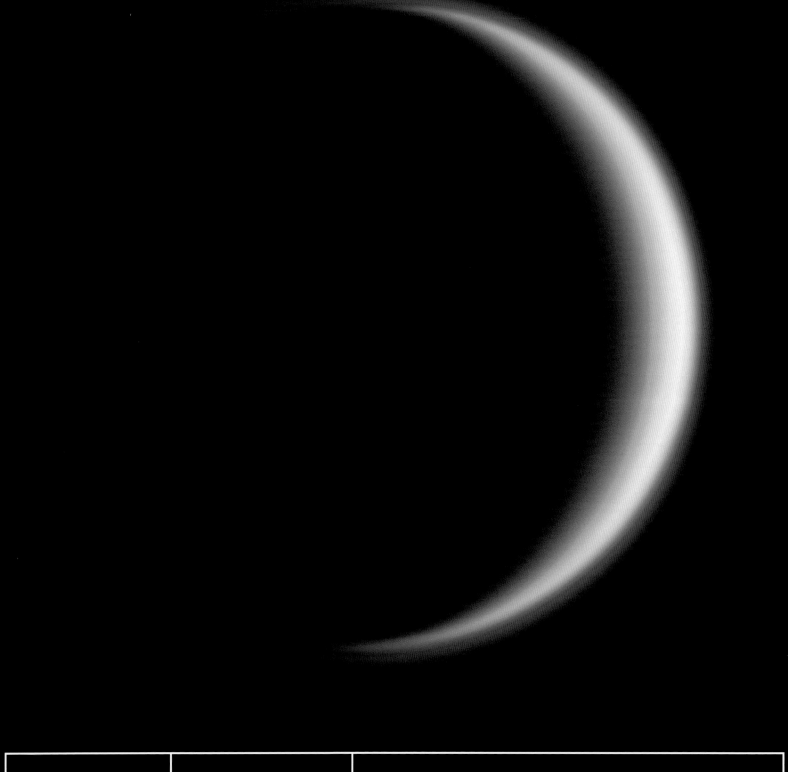

距土星	土卫六	土卫六远远大于土星其他的卫星——它距土星的距离不远也不近，在
	直径：5150km	它附近有许多其他土星的小卫星。它一度被认为是全太阳系里最大的卫星。然而天文学家被它浓厚的大气层欺骗了——正如这张由卡西尼号拍摄的照片那样。事实上它的大小在太阳系的卫星中排行第二，仅次于木卫三。
万千米	冰质天然卫星	

距土星	土卫六	土卫六因它浓厚的大气层而在卫星中独树一帜。就如同地球大气层一样，它大气层的绝大部分也由氮气组成，但是其中包含了百分之二的甲烷，并且没有氧气。这层浅橙色且不透明的大气层将这个卫星变成了一个任何早期探测器都无法接近的谜团，它还反射了 90% 以上照射到卫星表面的阳光。
122	雾霾层	
万千米	大气特征	

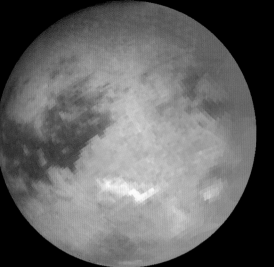  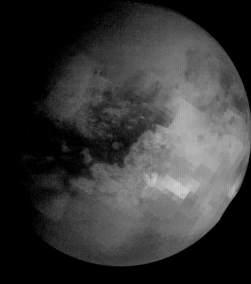

距土星	土卫六	2004 年进入环土星轨道的卡西尼号搭载了能穿透土卫六大气层的摄影
	土卫六的真面目	设备。它的红外线照相机能够透过特定的波段拍摄照片，从而使土卫六的大气层在这个波段下变得透明。卡西尼号照相机拍下的土卫六上有类似于
万千米	冰质天然卫星	大陆和海洋的地貌，和地球惊人的相似。

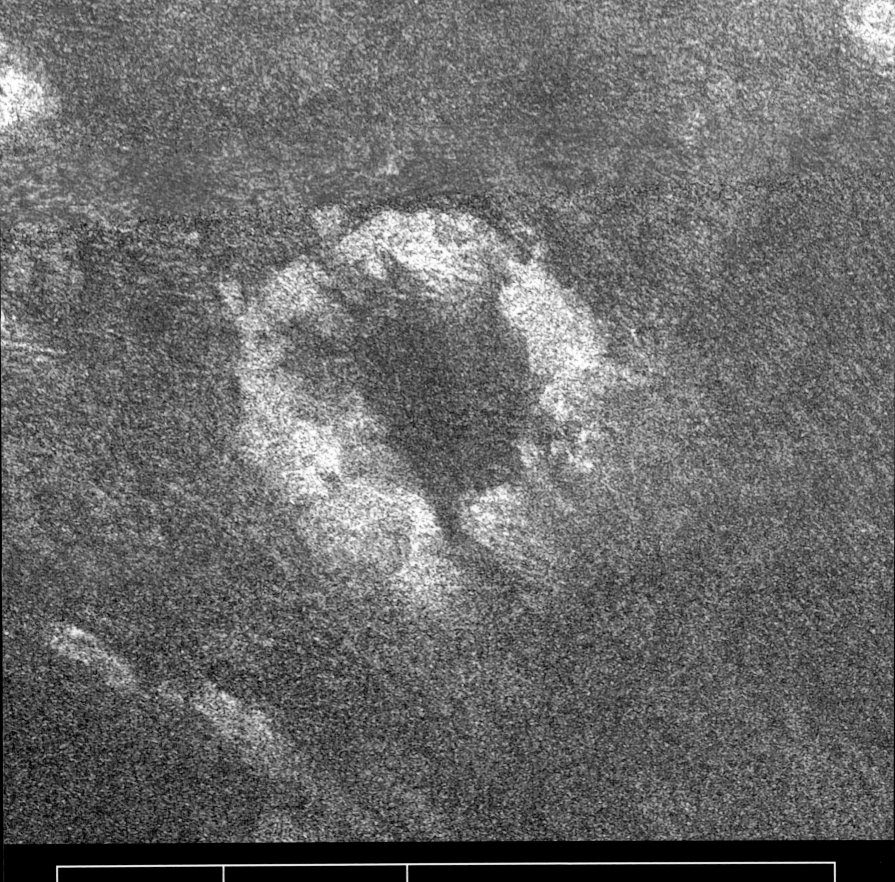

距土星	土卫六	甲烷气体会在天体的大气层中迅速分解,所以鉴于如今的土卫六拥有甲烷含量如此之高的大气层,它本身必定在不断地向大气层补充甲烷气体。有一些科学家认为土卫六大气中的甲烷来自于冰火山喷发出的冰熔岩。位于土卫六上都区的瓜波尼多环形山就可能是一个冰火山的破火山口,不过它也可能是一个古老的撞击坑。
万千米	瓜波尼多环形山 冰火山	

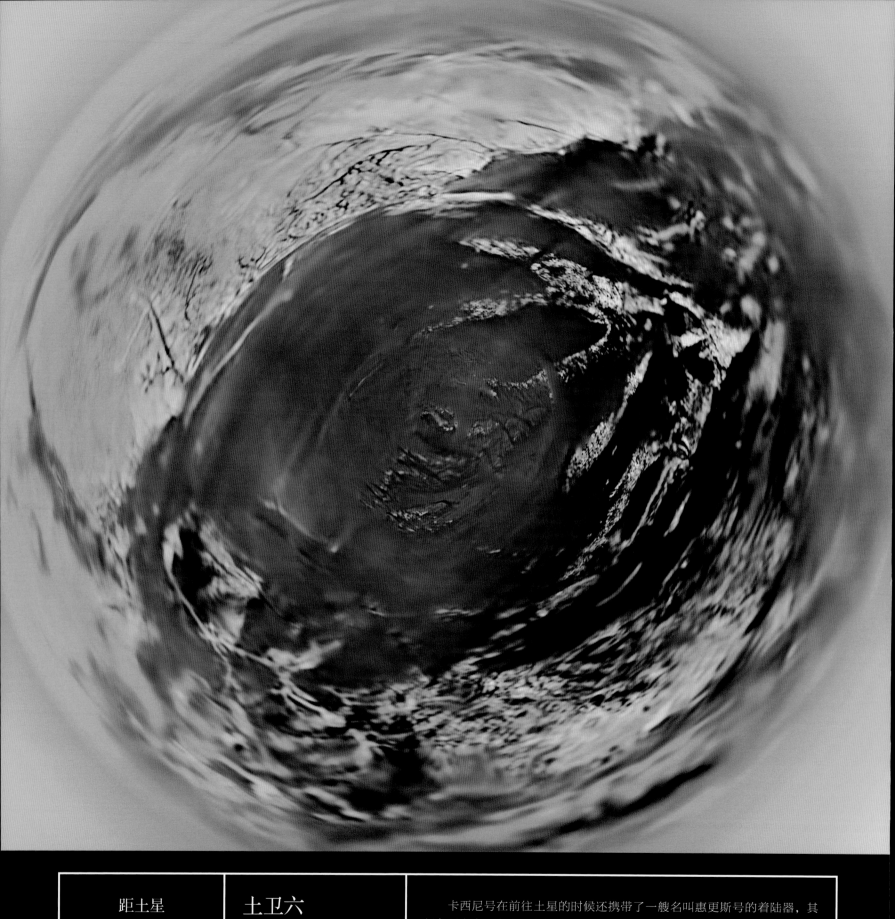

距土星	土卫六	卡西尼号在前往土星的时候还携带了一艘名叫惠更斯号的着陆器，其任务是在土卫六表面实施软着陆，并且向卡西尼号发回数据。当它渐渐下降、云雾慢慢散开的时候，出现在照相机里的是一派略显诡异的、类似地球的景色，就如这张鱼眼投影下的照片所展示的一样。土卫六上布满了侵蚀的痕迹，这意味着其上存在着和地球水循环类似的甲烷循环。
122	土卫六地表	
万千米	侵蚀地貌	

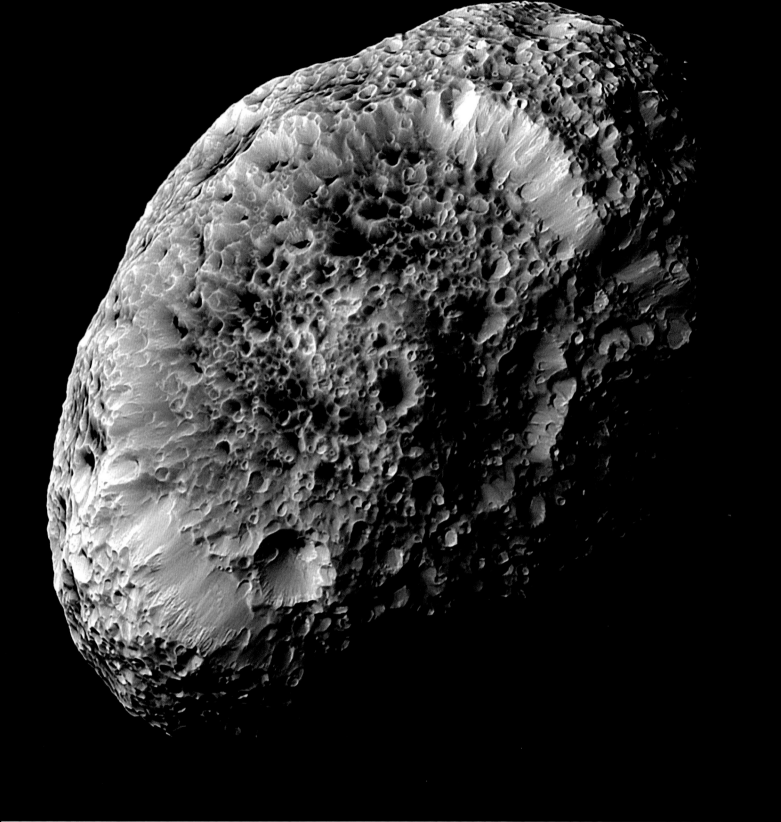

| 距土星
148
万千米 | **土卫七**
长度：370km
冰质天然卫星 | 土卫七是一颗奇幻且美丽的天体。它不规则的外观和无法预测的自转方式都暗示：它是一颗大卫星遭受猛烈撞击之后的残留物。然而土卫七如同海绵一样的表面意味着那次撞击被冻结在了溅射的一瞬间，这种现象在很大程度上还缺乏科学解释。 |

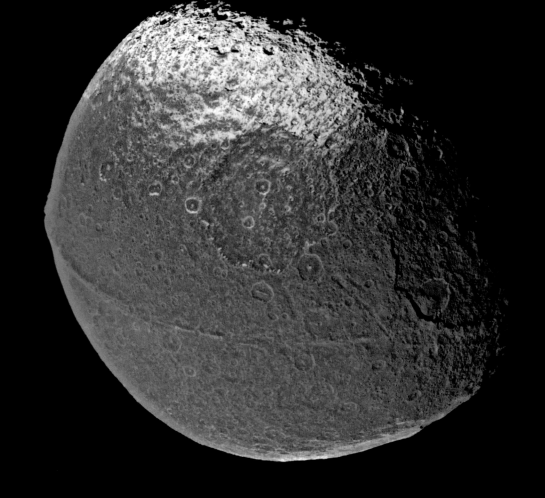

| 距土星 万千米 | 土卫八
直径：1436km

冰质天然卫星 | 距土星最远的大卫星是土卫八。它是一颗非常独特的卫星——这是一个由两个迥然不同的半球组成的球体。它被土星的潮汐力锁定着，永远以同一面朝向土星，其顺轨道方向上的一面覆盖着反照率很低的物质，以至于这面远比逆轨道方向的那面暗。土卫八上另一个奇特的地貌是一条分布于赤道地带的笔直山脊。 |

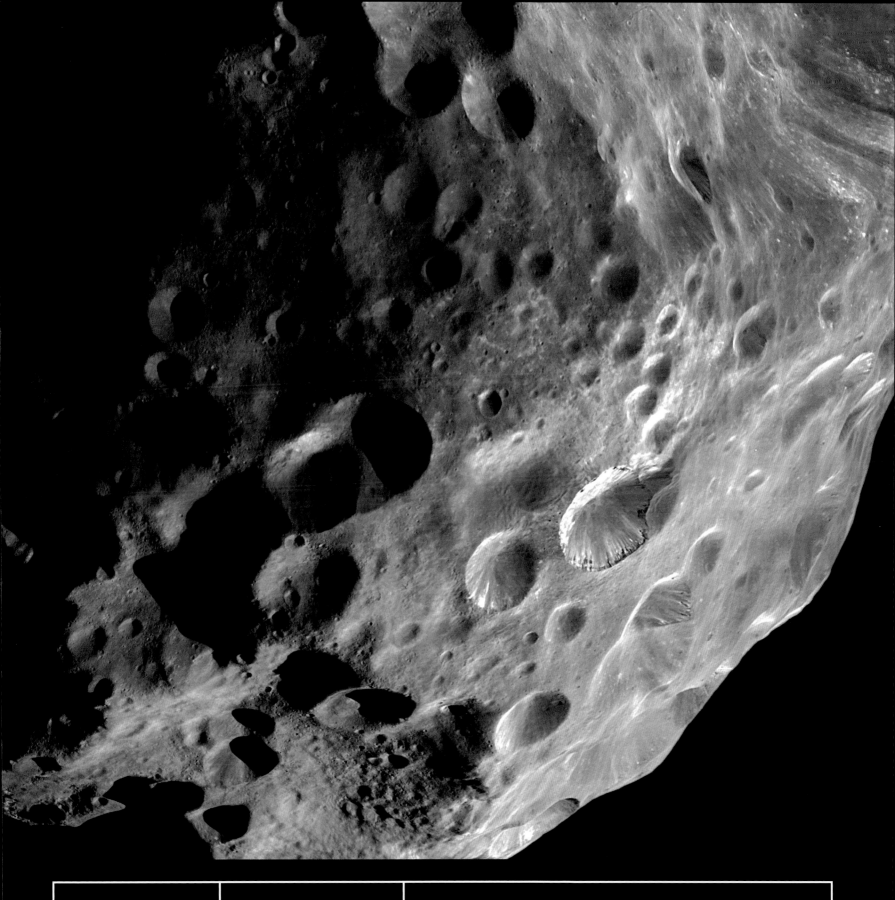

距土星	土卫九	土卫九是距土星最近的，也是最大的捕获卫星。天文学家几乎可以肯定，它曾经是一颗半人马型冰质小行星——被土星的引力拉入了一条逆向公转的轨道。学界对土卫八暗面成因的最佳解释是：土卫九表面的低反照率物质被剥离之后，在坠向土星的过程中又被土卫八捕获。
1295	长度：230km	
万千米	冰质捕获卫星	

侧卧的天王星

天王星是望远镜时代首颗被发现的行星，而它对我们来说一直是一个神秘的天体。它的发现者威廉·赫歇尔（William Herschel）一开始误认它为一颗彗星，但是随后它在天空中缓慢移动的轨迹表明：它一定比彗星更大而且离我们更遥远。即使通过目前地球上最强大的望远镜观察，天王星也只是一个模糊的蓝绿色圆点，这个圆点的大小介于类地行星和像土星、木星那样真正的巨行星之间。

然而在我们对天王星的认识中，有一点是无可置疑的，即它拥有独特的季节变化。天王星最大的四颗卫星天卫一、天卫二、天卫三和天卫四于 18 世纪末和 19 世纪被陆续发现，但当天文学家跟踪它们的运行轨迹时，奇怪的事情发生了——它们并不是在行星的一侧到另一侧之间往复移动，而是围绕着行星"上下"运行。由于几乎所有卫星都是在赤道平面附近围绕行星运转的，也就是说这颗行星倾斜的角度十分巨大，以至于它的赤道几乎是垂直朝上的。事实上，天王星的轴倾角为 98°——这意味着它北极的指向要略微"向下"一些，即低于公转轨道的平面。

天王星奇特的倾角对它的季节变化有十分重大的影响。那些和地球（倾角偏离"正上方"约 23°）类似的行星有着相对平和的季节变化，这是因为在它们的南北半球分别正对太阳的时候，接收的能量只会比平常略微增加一点儿；但是在天王星上，夏季意味着无尽的白日，而冬季则是永恒的夜晚。当天王星在完成一个为期 84 年的公转时，其上的绝大部分地区首先要度过一个长达几十年的白昼；然后，在接着的几年时间内，太阳会随着天王星 17 小时的自转周期不断地升起再落下；最后，它会再经历一个长达几十年的夜晚。

当旅行者 2 号——它也是至今为止唯一一艘到达过天王星的探测器——在 1986 年首次飞掠天王星时，天王星上的季节变化对其气候的影响终于展现在天文学家的眼前了。它不似木星和土星那样有着剧烈的风暴，而更像是一颗完美无瑕的绿松石宝珠。这未免有些令人失望。天王星上那些将热量从夏季半球运送至冬季半球的强对流似乎将任何其他的气象模式都扼杀在了摇篮之中。

但幸运的是，旅行者 2 号的这次飞掠并不是毫无建树的。它观测到了一个和土星环全然不同的行星环系，还飞掠了几颗令人印象深刻的卫星。天王星环于 1977 年被发现，那时的天文学家正在观测一次天王星掩星的现象。他们发现背景恒星在被天王星遮掩前后都"闪烁"了好几次，这意味着天王星周围存在着好几个狭窄且致密的环（目前已知有 11 个）。

在天王星所有的大卫星中，最令人着迷的无疑是其中最小的那颗。天卫五很晚才被发现——荷兰天文学家杰拉德·柯伊伯于 1948 年发现了它。相对于其他四颗大卫星来说，天卫五在非常靠近天王星的位置上公转，而且它的直径只有 480km。然而旅行者 2 号曾近距离飞掠过它，拍摄下了一片错综复杂的地貌，科学家们至今仍在研究这片地貌的形成原因。

自旅行者 2 号飞掠天王星以来，基于地球的望远镜有了长足的发展——还没算上哈勃空间望远镜——虽然长年以来一直没有新的以天王星和海王星为目标的太空探测计划，但望远镜的发展多少弥补了这一点不足。当天文学家在 1997 年将望远镜对准天王星时，他们发现了一个全然不同的世界：它的表面因明亮且活跃的风暴而显得"生机勃勃"，而且还有明显的条带状云层。而对此现象的最佳解释是：天王星那时进入了春季，它的自转轴不再朝向太阳，所以它表面的大部分地区开始了"正常"的日夜循环。

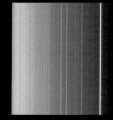

天王星环比土星环要暗得多，并且分为狭窄且致密的 11 道。其中最亮的（图中左侧）是 ε 环。相较于由水冰组成的土星环，天王星环的绝大部分都是固态甲烷。

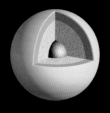

天王星的外层大气由氢、氦和甲烷构成，并且随着深度的增加而渐渐地从气态变成了液态。再深处则是一个黏稠的冰地幔，中心是一个由冰和岩石组成的内核。

距太阳	公转周期	轨道离心率	直径	表面重力	自转周期	轴倾角	天然卫星
亿千米	地球年		千米	g	小时		个

距太阳	天王星	虽然在旅行者 2 号于 1986 年飞掠它时，天王星令人失望地处于非活跃
	活跃的天王星	期（见上页图片），但是天王星上的气候变化似乎具有高度的季节性。所以当哈勃空间望远镜在 11 年后再次望向它的时候，透过望远镜看到的是一
亿千米	气象特征	颗拥有很多明亮风暴且异常活跃的天王星。原本相对较暗且狭窄的天王星环的亮度，在这张假色图片中也得到了加强。

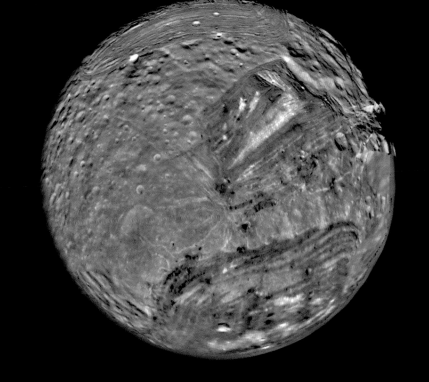

距天王星	天卫五	天卫五是一个既小又怪异的"组合"天体。它的地表布满了形成于各
12.94	直径：480km	种不同年代和有着不同来源的地貌，它们相互挤压在一起，没有任何规律可循。一开始，天文学家认为它可能曾被一次撞击击碎，之后又重新组合在了一起。然而更多的证据表明，它有可能是在分裂的过程中——即发展出另一套内核、地幔和地壳系统——突然冷固了。
万千米	冰质天然卫星	

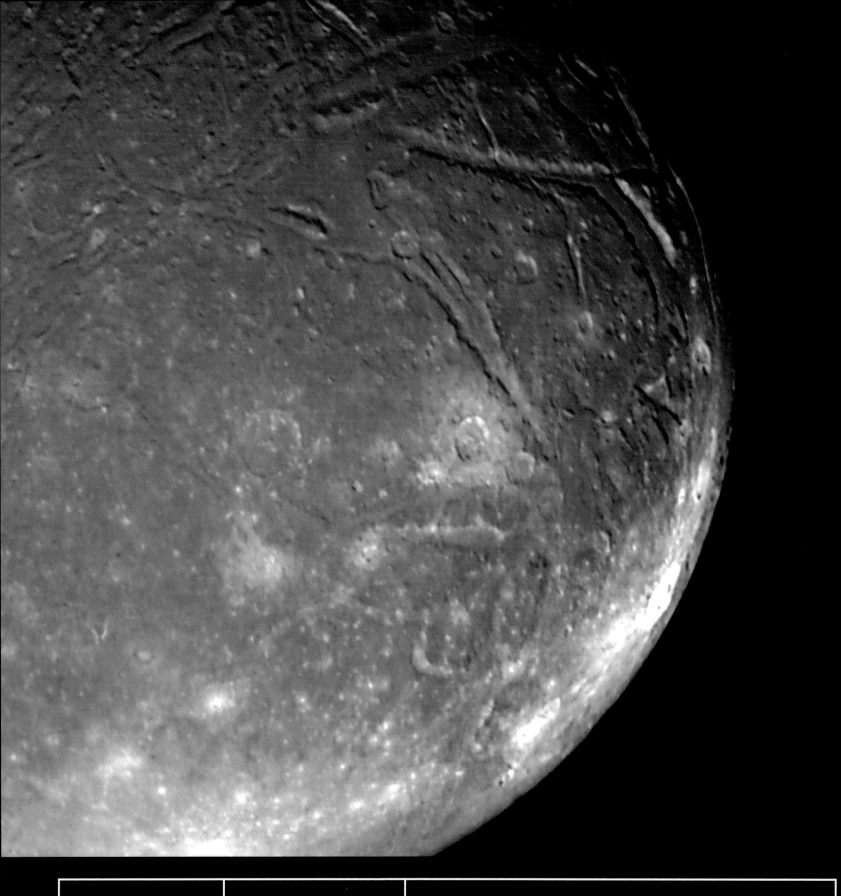

距天王星	天卫一	天卫一是距天王星第二远的卫星，它已经大到足以产生地质活动了。它的地表年龄也是所有天王星卫星中最年轻的。这说明在它形成之初，其表面上的冰火山活动在大部分地区都很活跃，而且在地表留下了大量的冰层。天卫一最突出的地貌是卡其那深谷，这个巨大的峡谷系统横跨了卫星的整个半球。
万千米	直径：1162km 冰质天然卫星	

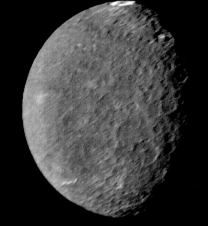

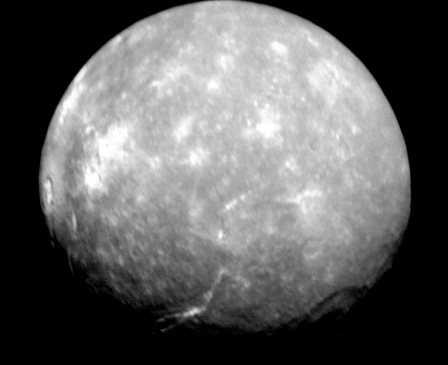

距天王星	天卫三	
43.59	直径：1578km	天王星最大的卫星是天卫三。如同天卫一一样，它的表面也有一些早期地质活动留下的痕迹。天卫一上的地质活动的能量可能来自于天王星施加的潮汐力。但是天卫三已经足够大了，其岩石含量也足够多，所以它可以自发地产生内热以引发地质活动，而不需要借助外在的潮汐力。
万千米	冰质天然卫星	

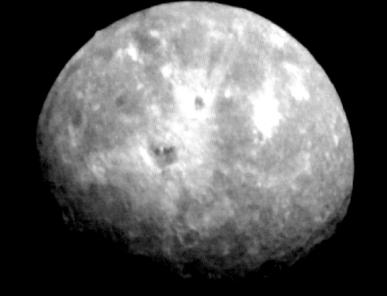

距天王星	天卫四	天卫四是离天王星最远的大卫星，它比天卫三略小，而且其上的地质

距天王星

58.35

万千米

天卫四

直径：1523km

冰质天然卫星

　　天卫四是离天王星最远的大卫星，它比天卫三略小，而且其上的地质活动痕迹也少于天卫三。在旅行者 2 号远距离拍摄的这张照片中，有一个不同寻常的环形山：它有着黑色的中心和明亮的溅射物——它形成的原因可能是一次巨大的撞击冲击了卫星的地壳，从而导致富含碳的黑冰从地下涌了出来。

海王星——巨大的蓝色星球

如今绝大多数的天文学家都会认同海王星是离太阳最远的大行星。天文学家于1846年通过计算天王星轨道的摄动首次发现了这颗和天王星类似的行星。这是一颗比天王星略小的"冰巨星"。

如果说天王星在1986年旅行者2号探访它之前一直对人类保持着神秘感，那么海王星则是一个更神秘的存在。当时，没有一架望远镜能看到它表面的细节，而且我们只发现了它的两颗卫星——较大的海卫一和中等大小的土星卫星差不多大，另一颗小得多的海卫二有着离心率异常大的公转轨道——环绕海王星一周需要约一地球年的时间。那时的天文学家不禁要问，为何与其他巨行星相比，海王星只有区区两颗卫星呢？

海王星另一个神秘的地方是它的环——当旅行者1号于1979年发现了木星环之后，学界认为巨行星的环系统可能是非常常见的，而并非只是特例。所以天文学家试图用证实了天王星环的掩星观测法来寻找海王星环，然而最终却没有得出任何结论。这是因为有时候某颗恒星会产生"闪烁"的现象，就如同被环遮掩了一样。但有时候也会出现这种情况，即另一颗恒星的光度在被海王星遮掩的过程中完全不会发生变化。故而在1989年旅行者2号接近它最后一个行星际探测目标时，一大堆疑问正等待它来解答。

然而所有科学家都没有预料到，海王星上竟然存在大量气象活动的迹象。因为它的云端气温甚至比天王星的还要低，所以学界曾认为来自太阳的热能在这里微弱得根本无法催生任何大气活动。但是出乎所有人意料的是，被揭开了神秘面纱的海王星显现出了和土星类似的云带，还有一个像木星大红斑的巨大黑色风暴。在海王星表面还有一些移动着的白色高空云——后来被称为"滑板车风暴"，在天文学家精确测量了它们的移动速度之后，他们发现海王星上的风速是全太阳系内最高的，甚至可以达到2000km的时速。

催生如此猛烈的气象活动的能量一定只能来自这颗行星的内部，但是究竟是什么机制产生了这些能量呢？太阳系的所有巨行星，除天王星外，貌似都有类似的内部能量源，现在能最好地解释这一现象的理论认为，这种能量来自于行星内较重的物质在持续向中心挤压的同时所产生的摩擦力，这个过程在行星形成之后持续了数十亿年的时间。然而在海王星上，情况又有所不同。如同天王星一样，海王星也是一颗"冰巨星"——在它相对较薄的大气层之下是一个由各种物质组成的黏稠状"冰"地幔，其中不止有水冰，还有固态氨气、固态甲烷和其他化合物。当到达了一定深度之后，地幔的温度和压力会大到能够将甲烷分解成原子，即氢和碳。从理论上来说，这样大的压力也可以将碳原子压缩得足够致密，从而形成新的化学键，之后便会生成人类已知的最坚硬的物质——金刚石。

旅行者2号也完美地解答了先前人类对海王星的其他疑问——从这点上来说着实值得庆幸，因为近期还没有任何探测器计划飞往这个遥远的世界。接下来的几页图片揭示了许多问题的答案，也展示了太阳系深藏着的许多出人意料的景象。

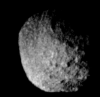

左上：旅行者2号发现了五六个非常靠近海王星的卫星，其中最大的是直径为440km的海卫八。

左中：这张模糊的海卫二的照片是目前所有关于它的照片中最清晰的一张。它距海王星的距离在81.72万千米至950万千米之间变化。虽然如此，学界还是认为它和海王星是同时产生的，只是后来海卫一的到来（见第209页）把它"甩进"了现在的轨道内

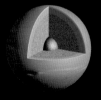

海王星的内部结构和天王星的差不多，它的外层大气由氢、氦和甲烷构成，下面是一个非常厚的黏稠状冰地幔，中心是一个由冰和岩石混合而成的小内核

距太阳	公转周期	轨道离心率	直径	表面重力	自转周期	轴倾角	天然卫星
45	164.9	0.010	49532				
亿千米	地球年		千米	g	小时		个

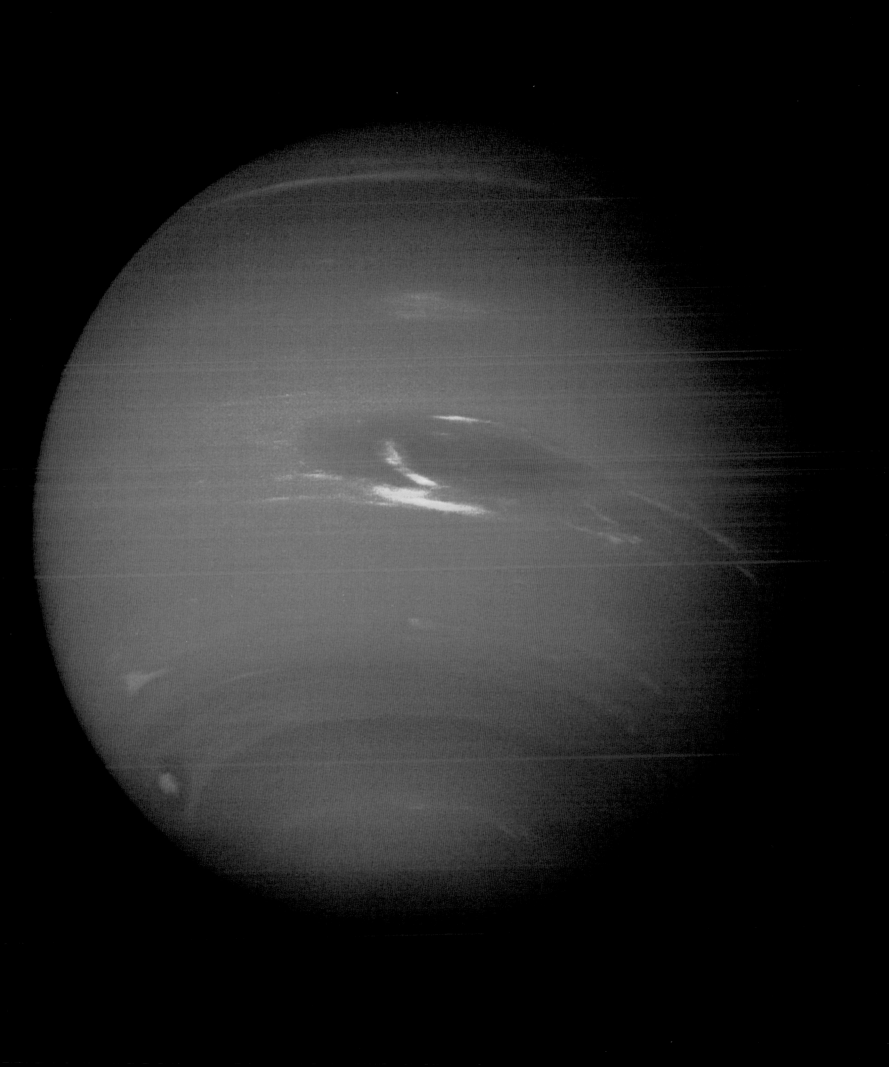

距太阳	海王星	
45 亿千米	大黑斑和滑板车风暴 气象特征	不同于天王星，旅行者 2 号在到达海王星时发现了其上大量的气象活动。最引人注目的是一个被称为"大黑斑"的风暴，这是一个和地球大小不相上下的黑色风暴。大气层更高处的一些白色箭头状的云层被称为"滑板车风暴"，和低海拔云层相比，它们会以更高的速度环绕海王星运行。

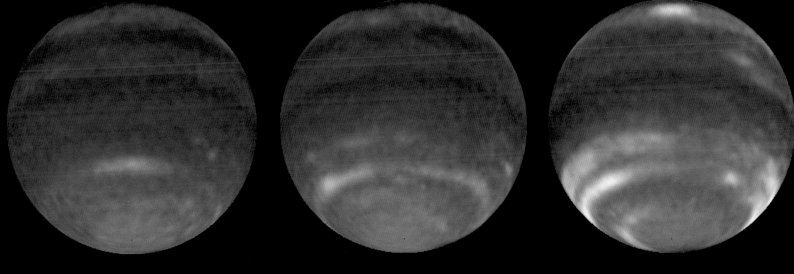

距太阳	海王星	这几张延时照片由哈勃空间望远镜和位于夏威夷的红外望远镜拍摄，这组照片的时间跨度为旅行者号飞掠后的 12 年，展示的是海王星表面三个不同时期的气象活动。天文学家惊讶地发现，最初发现的大黑斑迅速地消失了，而一个新的大黑斑又取而代之地出现了。同时，那些白色的高空云则没有改变。
	风暴和云带	
亿千米	气象特征	

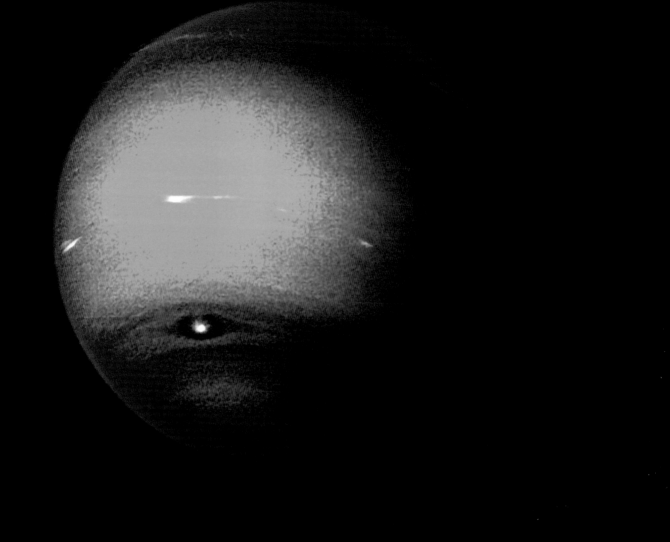

距太阳 亿千米	海王星 雾霾层 大气特征	天王星和海王星的颜色都可以归因于它们大气中少量的甲烷气体。甲烷会吸收红光，故而令天王星呈现绿色，而海王星因其大气拥有更丰富的甲烷而呈现蓝色。旅行者 2 号使用了能让海王星大气变得透明的滤镜，揭示了海王星大气顶端雾霾层的存在。

| 距太阳

 亿千米 | 海王星

 高空云

 气象特征 | 　　海王星上猛烈的风经常会将云层拉扯成长长的飘带状。在这张由旅行者2号拍摄的看似波澜不惊的照片中，白色的高空云在一片蔚蓝色的大气层上投下了自己的阴影。然而事实上，这些云层附近的风速几乎已经超过音速了。 |

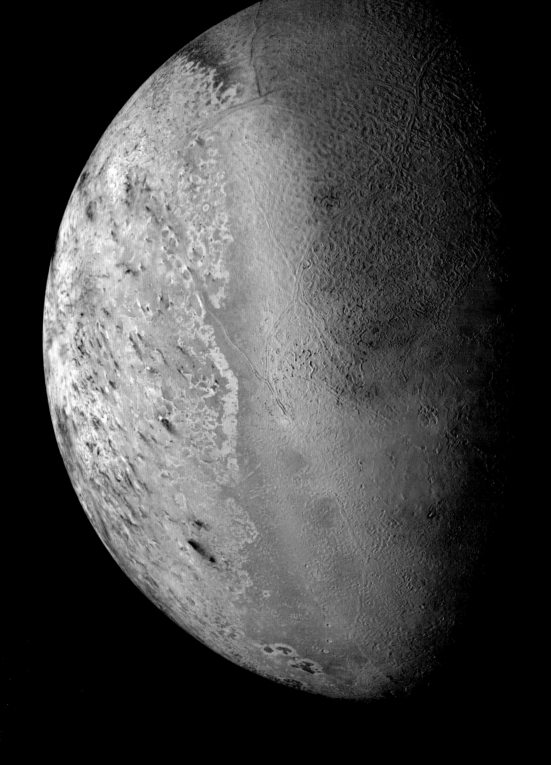

距海王星	海卫一	海卫一的地表分为两个明显不同的地貌区域——北部是略显蓝色
万千米	直径：2707km 捕获冰质卫星（原矮行星）	的山丘地貌，即"哈密瓜形地貌"，南部则覆盖着灰褐色的冰层。它们的起源和海卫一奇异的过去有关——在被海王星捕获前，海卫一可能来自外太阳系的某个区域。

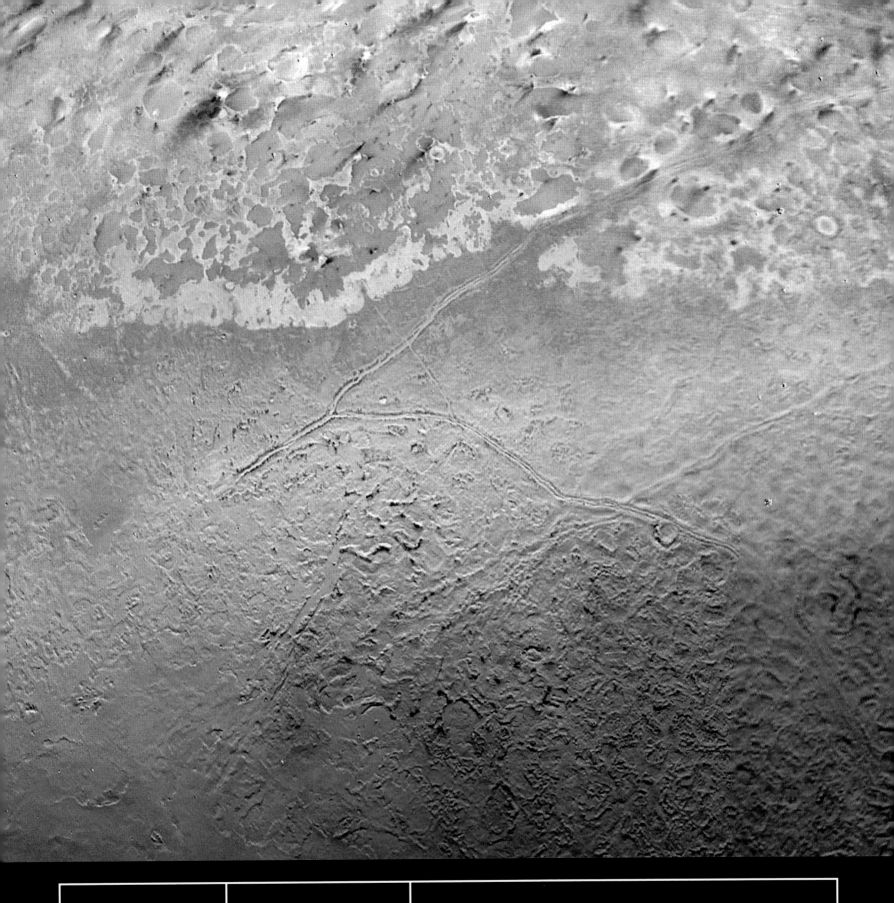

距海王星

35.48

万千米

海卫一

冰间歇泉

冰火山

这些横跨在卫星南部的平原之上的条纹其实是冰间歇泉投下的阴影，它们会将氮气和尘土的混合物喷入海卫一稀薄的大气中。在一个地表温度约为 −235℃的天体上发现间歇泉，这着实有些令天文学家惊讶。海卫一绕海王星运行的轨道不断向内缩小，由此产生的潮汐热能很可能是这些间歇泉的能量来源，而海卫一最终将不可避免地坠向海王星表面。

冰冷的世界

当你阅读这页的时候，有史以来速度最快的探测器正在和时间赛跑，飞速地穿越太阳系。此艘探测器的目的地是太阳系遥远的外围区域：首个目标是飞掠冥王星，在很长一段时间内，它都被认为是太阳系的第九大行星。之后，它还计划靠近若干个冥王星的姊妹天体——它们都是柯伊伯带中的"冰态矮行星"。

新视野号探测器于 2006 年初发射升空，经过行星附近时，它将会利用一系列的引力助推来获取额外的动量；最终经过木星时，它会得到一个很大的速度增量，然后被直接送入前往冥王星的轨道。2015 年，新视野号探测器已成功地飞掠了这个冰冷世界中的第一站——冥王星。这个探测器的重量只有 480kg，天文学家刻意将它设计得较轻。再加上使用了强大的推进器，所以当它经过月球轨道时，它的速度已经高达 16.21km/s。

速度是这次探测计划的核心，这是因为新视野号探测器必须和时间赛跑。在研究了冥王星反射的光线之后，天文学家认为它目前拥有一个薄大气层，这很可能是由地表的冰升华之后形成的。学界认为，在冥王星那为期 248 个地球年的公转周期中，这个大气层只会在其中的某几十年内产生：那时冥王星位于近日点附近，甚至比海王星还要更靠近太阳一些。然而冥王星最近一次位于近日点是在 1989 年，这就是说这颗矮行星正在远离太阳，它的大气正在重新慢慢地冻结回地表。为了能够看到冥王星转瞬即逝的大气层，新视野号探测器必须以最快的速度赶到那里。

探测器在到达时究竟会发现什么呢？一直以来冥王星都是一个谜团，不只由于它离我们如此遥远，还由于它的大小——它比水星都要小得多。能在如此长的时间内稳坐在行星的宝座上，全是因为历史上的一个巧合，即 1930 年克莱德·汤博（Clyde Tombaugh）的那次幸运的发现。克莱德·汤博当时确实是在寻找海王星外的一颗新行星，当时许多天文学家都认为这颗行星是存在的，因为海王星的轨道有一些无法解释的摄动。但是在冥王星被发现后的几个月内，天文学家就发现它的大小还不足以影响到海王星的轨道。后期的计算也证实了海王星的轨道摄动不是因为其外部还存在着一颗大行星。尽管如此，冥王星还是被归为了大行星。这一部分是因为当时天文学家在那片区域内还没有发现其他的天体。那时距发现其他柯伊伯带天体还有几十年的时间，这些被发现的天体都集中在海王星外的一个类似甜甜圈状的区域内。

即使天文学家已经对冥王星研究了 70 多年的时间，但令人惊讶的是，他们对它还是知之甚少。我们现在知道冥王星有三颗卫星，其中最大的是冥卫一，它几乎有冥王星的一半大。此种大小的比例再加上它距离冥王星非常近，使潮汐力对两者都施加了影响——在冥卫一的自转速度慢慢减缓至永远以一面朝向母星的同时，冥王星也在慢慢以同一面朝向冥卫一。严格地说，冥王星和冥卫一之间已经不再是一个母星-卫星系统了，而是"双星"系统。冥王星的卫星轨道还揭示了这样一个事实：它的轴倾角比天王星的还要大，达到了 122°。

从物理学角度出发，来自柯伊伯带的海卫一曾经也可能是如上提及的"双星"系统中的一员。然而海卫一在被海王星捕获的过程中所受到的潮汐力已经重塑了这颗卫星，并令它产生了比冥王星表面多得多的地质活动。

随着新视野号探测器在柯伊伯带中的深入，它会在这趟冲出太阳系的单程旅途中碰到其他类似冥王星的天体。然而它无法碰见阋神星——这颗比冥王星还大的天体的发现迫使天文学家不得不重新考虑行星的定义，并且这最终导致了 2006 年冥王星的"降级"。探测器还会经过短周期彗星的"栖息地"：在这里，这些彗星会缓慢地经过它们轨道的远日点。如果幸运的话，我们依然可以在几十年后接收到探测器的无线电信号。那时它将穿越日球层顶，在这片区域内太阳风会因为受到由其他恒星发射出的微粒所产生的压力而停滞不前。当探测器穿越柯伊伯带后，它将进入一片空旷的空间——那里有轨道呈长椭圆形的天体，比如赛德娜和其他可能存在的天体，而它的电源至此已无法工作。之后，探测器肯定会到达彗星的诞生地——离地球 1 光年远的、呈巨大球面状的奥尔特云，那时的它无疑已经成为了一个冰冷沉寂的人类太空遗迹。

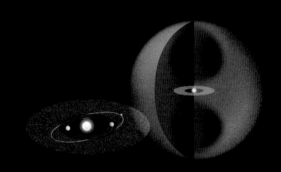

柯伊伯带（图中左侧）从天王星轨道外侧一直延伸到距太阳至少 120 亿千米处。图中右侧是包裹着整个太阳系的奥尔特云，它距太阳约 1 光年远（9.5×10¹²km）。如果按照真实比例，柯伊伯带在这张示意图中只比针眼大一点儿。

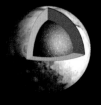

一颗典型的冰态矮行星拥有一个由不同种类的冰构成的薄地壳，下面是一个几乎全是水冰的地幔，学界还认为它们应该拥有一个很大的岩质内核。

距太阳	冥王星	即使用最强大的望远镜在最完美的气象条件下从地球上拍摄冥王星，也只能拍出类似恒星的一个光点。然而这张由哈勃空间望远镜于 2006 年拍摄的照片（截至本译稿完成时，新视野号探测器已经发回了更清晰的冥王星及其卫星的照片，此处已替换成最新照片 ——译者注）却给天文学家带来了一个惊喜——除了冥王星和它的同伴冥卫一，我们还能从图中看见其他两颗较小的卫星：冥卫二和冥卫三。这两颗卫星的直径大约为 50km，在冥卫一外很远的地方围绕冥王星运转。
亿千米	直径：2304km 冰态矮行星	

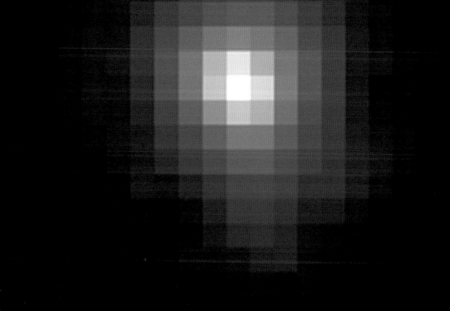

距太阳	阋神星	比冥王星略大一些的阋神星——编号为 2003 UB313——在被发现之初就引发了一场围绕着究竟该如何定义"行星"而进行的论战，并且最终导致冥王星被排除出了大行星的行列。因此，以希腊神话中纷争之神的名字（Eris）来命名阋神星实在是再恰当不过了。阋神星的地表反照率异常高，在它的大部分公转时间内，它离太阳的距离要远大于冥王星与太阳之间的距离。
57~146	直径：2400km	
亿千米	冰态矮行星	

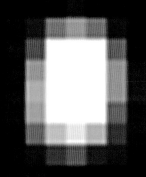

距太阳	创神星	
62~67	直径：1300km	创神星是继冥王星后在柯伊伯带中发现的第一个大天体，它比最大的小行星——谷神星——大得多，和冥卫一大小相当。从望远镜中看，这种大小的天体和星点是无法区分的——天文学家只有靠辨认其在背景恒星上的缓慢移动才能发现它们。
亿千米	冰态矮行星	

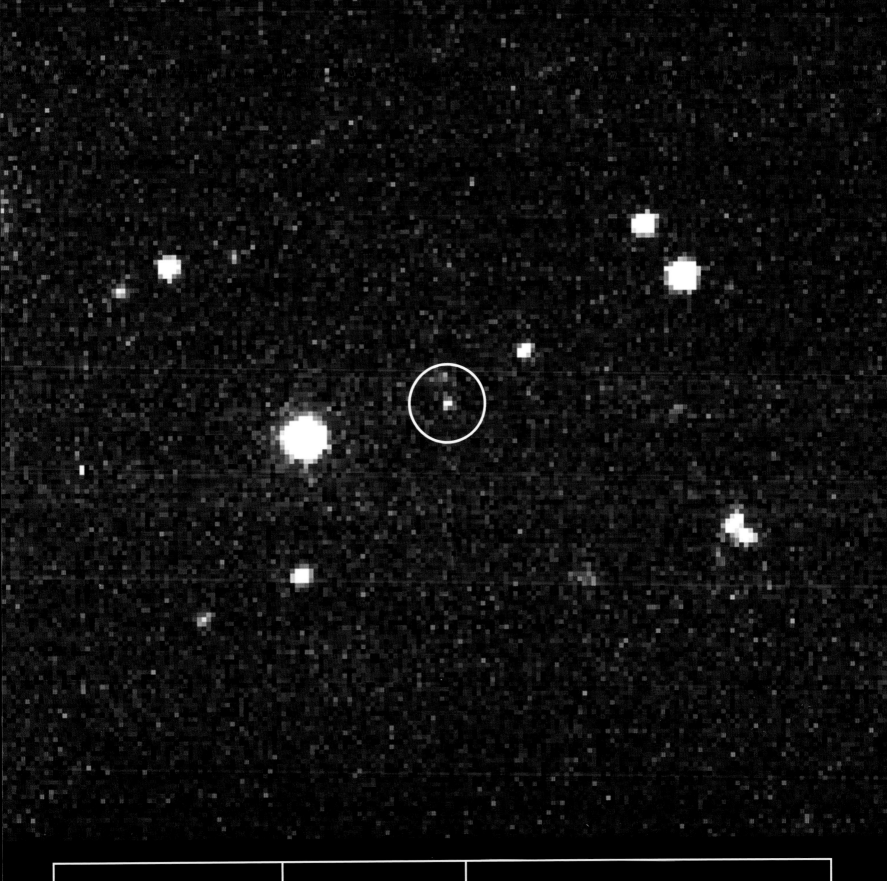

距太阳	赛德娜	
110 ~ 1480	直径：1500km	赛德娜是太阳系中已知最遥远的天体，这颗神秘的星球在柯伊伯带和奥尔特云之间运行，其公转周期长达 10500 年。它得名于因纽特神话里的北冰洋女神。我们对它知之甚少，唯一知道的是其地表颜色为红色——几乎和火星的地表颜色差不多。
亿千米	冰态矮行星?	

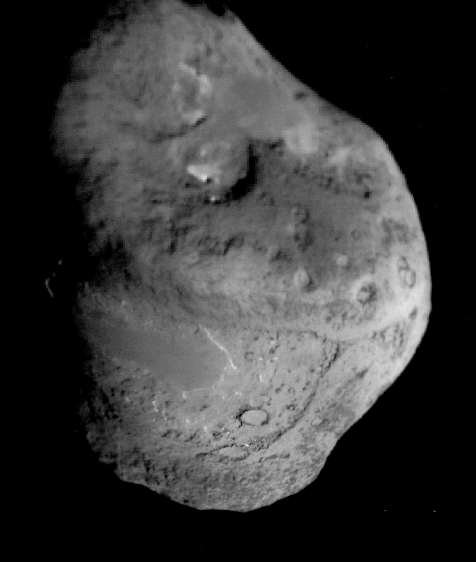

近日点距太阳	坦普尔 1 号	坦普尔 1 号彗星的公转周期只有 5.5 年，这使它成为了深度撞击探测器的一个理想目标，这艘探测器会向彗星表面发射一个筒状的导弹，并且研究因撞击而被抛射进太空的物质。令人意外的是，构成这颗彗星的物质似乎经历过许多化学变化，它并不像先前预测的那样是一颗自太阳系初期以来就没有改变过的冰质天体。
	长度：7.6km	
亿千米	彗星	

近日点距太阳	哈雷	人类得到的首张清晰的彗核照片来自 1986 年探测哈雷彗星的乔托号探测器。每 76 年回归一次的哈雷彗星其实早在公元前 240 年就被人类观察到并记录了下来，然而它却在很久以后才被确认为内太阳系的一员。哈雷彗星十分年轻，这意味其表面之下有大量的冰，这也令它成为了最活跃的短周期彗星。
万千米	长度：16km 彗星	

近日点距太阳
1.44
亿千米

尼特（C/2001 Q4）

直径：不明

彗星

　　C/2001 Q4 尼特彗星是近几年来肉眼可见的最壮观的彗星之一，美国国家航空航天局的近地小行星跟踪计划于 2001 年发现了这颗彗星，当时它距近日点还有 3 年的路程。当它越过地球轨道之后，它的彗发比木星直径的 2 倍还要长，并且还有一个数百万千米长的彗尾。这张照片只拍下了最靠近彗核部分的一小部分彗尾。

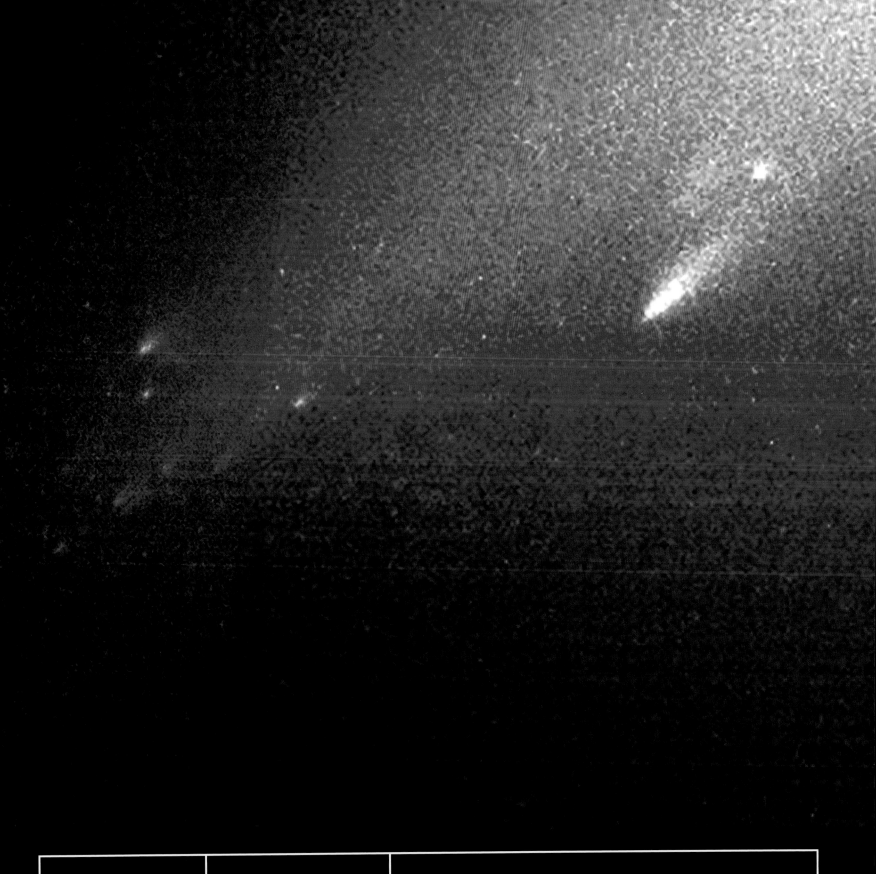

近日点距太阳	林尼尔（C/1999 S4）	当彗星经过其近日点，也就是它最靠近太阳的时候，它可能会受到非
1.14	直径：不明	常大的外力影响，这是热能和潮汐力共同作用的结果。这种影响有时会导 致彗星的完全解体，就如同 C/1999 S4 林尼尔彗星于 2001 年在近日点附 近的这次解体。哈勃空间望远镜随后跟踪到了一大团迷你彗星，它们是彗
亿千米	彗星	星解体后的残骸，并且都在母彗星原本的轨道附近运行。

术语表

奥尔特云

一个由围绕太阳运转的彗星构成的，半径约为 1 光年的巨大球面区域。它处于太阳引力所能到达的极限区域。其中的彗星在形成初期要离太阳更近，后来在太阳系早期的历史中被巨行星抛向了外部空间。偶然发生的扰动会将彗星抛入一个会重新回到内太阳系的长椭圆轨道上。

板块

一个天体上的一块独立漂浮在地幔之上的巨大地壳。它可以从其他板块之上分离、碾过或和其他板块相撞。地球是已知的唯一一颗拥有大量且长期活动的板块的大行星。

板块活动

一种重塑类地行星或卫星地貌的过程：地壳在半熔融的流体状地幔之上缓慢且大规模地漂移。地球是具有最活跃的板块活动的天体。然而曾经具有板块活动的迹象可以在许多天体上发现，例如金星和木卫一。

变余结构

一种底部具有高反照率的巨大环形山，在木卫三和木卫四表面均有发现。它得名于二次使用的卷轴或羊皮纸。这些环形山的形成是由于猛烈撞击曾经穿透了卫星的地壳，从而令地幔中的冰上涌并淹没了环形山的底部。

冰

从化学角度出发，冰是任何"挥发物"的固态形式（这里的"挥发物"是指任何沸点较低的物质）。太阳系内广义上的冰，其组成物可以是水、氮气、甲烷、一氧化碳、二氧化碳和氨气。

冰火山

一种不是喷发熔岩，而是喷发水冰和由固态氮组成的黏性混合物的火山。这种喷发物可以在外太阳系天体极低温度的条件下仍然保持流体状态，这种流体在某些特性上与熔岩十分类似。

冰态矮行星

一种一般在海王星之外柯伊伯带内的由大量冰和少量岩石构成的小型矮行星。冥王星是最广为人知的冰态矮行星，海卫一也是其中的一员。

潮汐加热

一种引力效应，它可以加热那些轨道靠近巨行星的卫星的内部。当卫星公转时，它离行星的距离会产生微小的变化，进而导致作用于其上的引力也随之改变，这会使卫星本身产生形变。由此而产生的内部摩擦力可以熔化卫星的内核，并催生地质活动，例如火山或冰火山活动。

磁场

一种围绕在某些物体周围的力场，能够影响任何进入其中的易感物体：小至亚原子粒子，大到金属太空探测器。行星的磁场产生于导电物质的大规模运动，例如类地行星内核中的熔融金属，或者巨行星地幔中的液氢。

大气层

被引力聚集在天体周围的一层气体。大气层可以是稠密且不透明的（比如金星和土卫六的大气层），也可以是稀疏且透明的（木卫二的大气层）。巨行星最外层的气体——虽然随着深度的增加会逐渐呈液态或固态——也被称为大气层。

地壳

类地行星或者卫星最外层的表面。对一颗内部明显分层的天体来说，地壳是位于地幔之上且厚可至几十千米的壳层。在其他情况下，地壳一般单指一个天体的地表。

地幔

在一个明显分层的行星中，介于内核和地壳（类地行星）或者大气层（巨行星）之间的一层物质。在较大的天体中，地幔可能呈半熔融状态并且一直处于流动中，这可能会对地表造成一定的改变，比如板块的形成。

断层

在一个天体连续的地壳上出现的裂缝。在地球上，大部分的大断层一般都沿着板块边缘分布，然而断层也可能发生在地壳因地幔运动而被挤压或者拉伸的地方。

盾状火山

一种由多次喷发的熔岩在原初火山口周围堆叠而成的地质结构，典型的盾状火山的坡度非常缓和，而基部则十分广阔。

分层

一颗行星或者卫星内部产生明显层次的过程。在固态天体中，这个过程只会在天体内部因高温而呈熔融状态的时候才会发生，那时重力会将较重的物质拉向中心区域。一般来说，这种现象在太阳系内只会发生在较大的天体上。

辐射

天文学中所称的辐射一般指的是电磁辐射。这是一种由振荡的电场和磁场发射出的传递能量的波，宇宙中的大部分天体都会向外发射它。可见光是电磁辐射的一种，然而只有温度非常高的天体才能发出可见光（一些我们常见的天体，包括行星，只是反射了可见光）。低能量的电磁辐射包括红外线和无线电波，而高能形式的则包括紫外线、X 射线和伽马射线。用于称呼如伽马射线这样的具有辐射性的射线的正确词汇应该是"电离辐射"。

轨道离心率

用来表征一个天体的椭圆轨道被拉伸的程度。一个正圆轨道的离心率为 0，当椭圆轨道慢慢被拉长时，它的轨道离心率逐渐接近于 1，但不会变为 1.

恒星

一团足够致密，从而在其内核可以产生轻原子核聚变而产生重原子核过程的气体。太阳和宇宙中的大多数恒星的能量都是从氢原子聚变为氦原子的过程中释放出来的。

红外线

"热"物体发射的一种电磁辐射，但其温度还没高到可以发射出可见光。

环系统

围绕在天体（一般为巨行星）周围的，由聚集成密集束状的太空微粒构成的一个扁平的盘面。其中所有的微粒都在正圆轨道上运行，以免相互碰撞在一起。环系统可以密集如土星周围的巨大光环，也可以稀疏得如同海王星碎裂的薄光环那样。

环形山

一个位于天体表面的近圆形的凹坑，一般周围都有凸起的环形山脊。陨星撞击或者火山活动都可能产生环形山。

彗发

当一颗彗星接近太阳时，由其彗核散发出的气体组成的广阔且稀薄的"大气层"。

彗核

一种拥有富含碳的灰暗薄外壳的冰质实心天体。在彗星公转的大部分时间内，它只以彗核的形式存在。当它靠近太阳的时候，灰暗的外壳会增加彗核所吸收的热能，继而加热其表面之下的冰，这些冰升华之后就形成了彗发和彗尾。

彗尾

由彗发散发出的，可以横跨行星际尺度的一束微粒物质。彗星经常会同时产生由气体和尘埃组成的两种彗尾。略显蓝色的气体彗尾总是指向背对太阳的方向，而且和彗星前进的方向无关，所以它经常会"超前"于彗星一些。尘埃彗尾也是被太阳风吹散出来的，但是它的分布一般更靠近彗星的轨道。

彗星

一个来自外太阳系的小型冰质天体。其最初形成的场所是天王星和海王星的轨道附近，后来被甩向了遥远的奥尔特云。一些偶然进入内太阳系的彗星会因为温度的升高而产生彗发和彗尾。还有极少数彗星，其轨道要比上述彗星的更靠近太阳，这些被称为短周期彗星。

极光

一种可以在拥有足够磁场的天体上观察到的大气现象。具体的形成机制如下：来自太阳风的粒子被天体磁场所束缚，并且被引导至两端的磁极。当这些粒子与气态原子和分子碰撞时，它们会释放出可见光和无线电波。

溅射物

在环形山形成时从撞击地点飞溅出的粉末状物质。溅射物是一种天体地表下物质和撞

但有时也会喷溅出更长的距离，形成射线状的地貌。

近地小行星

一种会运行至比主带小行星离地球更近的区域内的小行星。不是所有近地小行星轨道都具有潜在的威胁，即和地球轨道相交。

近日点

太阳系天体轨道上离太阳最近的一点。

巨行星

一种比类地行星大很多倍，但是由密度远小于类地行星的物质组成的行星。太阳系内的巨行星有木星、土星、天王星和海王星。它们有时还被分为气态巨行星（较靠近太阳的两颗，它们的大部分都由较轻的气体构成；随着压力的增加，这些气体会变为液态）和冰巨星（远离太阳的两颗，有着一层较薄的大气，下面是由各种固态化学物质构成的黏稠状地幔）。

柯伊伯带

环绕在太阳系大行星之外的一个甜甜圈状的、由冰矮星构成的区域。许多短周期彗星（公转轨道周期小于 200 年）的轨道远日点都在柯伊伯带中。

类地行星

一种构造非常类似于地球的岩质行星。太阳系内有四颗类地行星，分别是水星、金星、地球和火星。

流星

从太空中坠入天体大气层的，因摩擦产生的热量而带有明亮尾迹的小天体。

流星体

对所有潜在流星和陨星的总称——一种在太空中运行的天体，其尺寸小至尘埃，大至巨石，最大尺寸可与较小的小行星相当。

米粒组织

在类似太阳这样的恒星表面生成的蜂窝状暗纹。它形成于对流圈的顶端，较热的物质在其中央区域上涌，而较冷的物质在其边缘下沉。

冕状物

金星地表上被同心圆形的山脊环绕的凹坑。一般认为冕状物的形成方式和蛛网地形相似。

内核

一个天体的中心区域，其内部的层级结构是在分层过程中形成的。行星内核一般富含金属以及其他较重的元素——学界认为大多数类地天体的内核都富含镍和铁，其中大部分都处于熔融或半熔融状态。

破火山口

一种下陷的或者类似环形山的火山口。

熔岩

喷射至天体地表的呈熔融状态的岩石。冰火山熔岩则是处于低温状态的类似物质，是固态氨和水冰的黏稠状混合物。

太阳风

太阳发射出的一系列粒子束。太阳风可以横扫内太阳系，直至柯伊伯带的外侧，在那里它会慢慢减速，直至被其他恒星所发射的粒子阻滞不前。

太阳系

宇宙中一个由太阳引力主导的球形区域，直径约为 3 光年，即 2.85×10^{13} km。

同步自转

指一颗天体在自转一周的时间内恰好完成一次公转的现象，即一颗天体永远以同一面朝向母星。太阳系内的大多数卫星（包括月球）都具有同步自转现象。

卫星

一个围绕任意天体运转的天体。一般指围绕行星公转且自然形成的天体。"天然卫星"一词所指的是和母星同时形成的卫星；而"捕获卫星"则指在行星形成之后，由其引力捕获的天体，一般为小行星或彗星。

小行星

在内太阳系中绕太阳公转的小型岩质天体。几乎所有的小行星都呈不规则的形状，且大部分

内公转。

岩浆

从天体的地幔中上涌的，或者由于高温而在地壳中形成的，但还未喷发出地表的呈熔融状态的岩石。

远日点

太阳系天体轨道上离太阳最远的一点。

陨星

从太空坠向天体并撞击其表面的较大天体。

轴倾角

一个天体的北极与公转轨道平面之间"正上方"的夹角。因为一个天体的北极是通过其自转方向来定义的（从北极的正上方观察，天体以逆时针自转），所以一个天体的轴倾角有可能会大

于 90°，这时它的北极事实上是指向"下方"的。

皱沟

在木卫三地表发现的，由一片相互平行的山脊所组成的宽阔地貌。一般认为其形成原因如下：此卫星的冰质地壳受到拉力而开裂，进而造成了底部冰的上涌。

蛛网地形

金星地表上的一种下陷地形，具有辐射状、同心圆形的裂纹。其形成过程一般如下：首先，地表由于底部岩浆上涌的压力而隆起，然后又因为岩浆流逝或重新回到地底而下陷。

撞击坑

由陨星撞击而形成的环形山。不同于破火山口，撞击坑没有大小上的限制。它们可以小到只是一个微型的圆底凹坑，也可以大到拥有阶梯状

的崖壁和类似于山丘的中央峰。

撞击盆地

一个自形成以来一直在被重塑的巨大撞击坑，一般曾被从天体内部涌出的物质淹没过。

紫外线

一种波长短于可见光的，只会由高能粒子发射出的电磁辐射，例如非常炽热的物体就会发射紫外线。在太阳系内，绝大多数的紫外线都是由太阳发射出来的。

索引

223

图片来源

p4: NASA/JPL-Caltech; p7: NASA/JPL/Space Science Institute; p8: NASA/JPL/Space Science Institute; p10-1: Tim Brown – Pikaia Imaging; p12-3: Tim Brown – Pikaia Imaging; p14: Tim Brown – Pikaia Imaging; p15: NSO/AURA/NSF; p16: SOHO(SUMER)/NASA/ESA; p17: SOHO(EIT)/NASA/ESA; p18: SOHO(EIT)/NASA/ESA; p19: SOHO(EIT)/NASA/ESA; p20: NASA(TRACE); p21: SST, Royal Swedish Academy of Sciences; p22: Göran Scharmer, Kai Langhans, Mats Löfdahl, ISP, SST, Royal Swedish Academy of Sciences; p23: Göran Scharmer, Mats Löfdahl, ISP, SST, Royal Swedish Academy of Sciences; p24: SOHO(LASCO & EIT)/NASA/ESA; p25: SOHO (EIT)/NASA/ESA; p26: [left] NASA/JPL/Northwestern University; [right] NASA/Arecibo University; [below] Tim Brown – Pikaia Imaging; p27: NASA/JPL-Caltech; p28: NASA/JPL-Caltech; p29: NASA/JPL-Caltech; p30: [above] Soviet Planetary Exploration Program, NSSDC; [below] Tim Brown – Pikaia Imaging; p31: L. Esposito (University of Colorado, Boulder), and NASA; p32: NASA/JPL-Caltech; p33: NASA/JPL-Caltech; p34: NASA/JPL-Caltech; p35: NASA/JPL-Caltech; p36-7: NASA/JPL-Caltech; p38: NASA/JPL-Caltech; p39: NASA/JPL-Caltech; p40: NASA/JPL-Caltech; p41: NASA/JPL-Caltech; p42: NASA/JPL-Caltech; p43: NASA/JPL-Caltech; p44-5: NASA/JPL-Caltech; p46: NASA/JPL-Caltech; p47: NASA/JPL-Caltech; p48: [above] F. Hasler et al., (NASA/GSFC) and The GOES Project; [below] Tim Brown – Pikaia Imaging; p49: NASA; p50-1: Reto Stöckli, NASA Earth Observatory (NASA Goddard Space Flight Center); p52-3: Reto Stöckli, NASA Earth Observatory (NASA Goddard Space Flight Center); p54-5: NASA/GSFC/METI/ERSDAC/JAROS and U.S./Japan ASTER Science Team; p56: NASA image created by Laura Rocchio, Landsat Project Science Office, using data provided courtesy of the Earth Satellite Corporation; p57: NASA/GSFC/METI/ERSDAC/JAROS and U.S./Japan ASTER Science Team; p58-9: Jacques Descloitres, MODIS Land Rapid Response Team, NASA/GSFC; p60: George Riggs, NASA GSFC; p61: NASA/GSFC/ METI/ERSDAC/JAROS and U.S./Japan ASTER Science Team; p62-3: NASA/Goddard Space Flight Center Scientific Visualization Studio, U.S. Geological Survey, Byrd Polar Research Center – The Ohio State University, Canadian Space Agency, RADARSAT International Inc.; p64: METI/ERSDAC; p65: METI/ERSDAC; p66: Virgil L. Sharpton, University of Alaska, Fairbanks; p67: NASA/GSFC/METI/ ERSDAC/JAROS and U.S./Japan ASTER Science Team; p68: Image Analysis Laboratory/NASA Johnson Space Center; p69: Image Analysis Laboratory/NASA Johnson Space Center; p70-1: NASA; p72: [above] NASA; [below] NSSDC/NASA; [bottom] Tim Brown – Pikaia Imaging; p73: Giles Sparrow – Pikaia Imaging; p74: NASA/JPL-Caltech; p75: NASA/JPL-Caltech; p76: NASA; p77: NASA/JPL-Caltech; p78: NASA; p79: NSSDC/NASA; p80: NSSDC/NASA; p81: NSSDC/NASA; p82-3: Mike Constantine / NASA; p84-5: Tom Dahl/NASA; p86: NASA; p87: NSSDC/NASA; p88: [above left] NASA/JPL-Caltech; [above right] NASA/JPL/Malin Space Science Systems; [below] NASA; [bottom] Tim Brown – Pikaia Imaging; p89: NASA, ESA, STScI, J. Bell (Cornell U.) and M. Wolff (SSI); p90: USGS Astrogeology Research Program; p91: USGS Astrogeology Research Program; p92: USGS Astrogeology Research Program; p93: USGS Astrogeology Research Program; p94-5: NASA/JPL/Cornell; p96-7: NASA/JPL/Cornell; p98-9: NASA/JPL-Caltech/USGS/Cornell; p100-1: NASA/JPLCaltech/Cornell; p102-3: NASA/JPL/Cornell; p104: NASA/JPL-Caltech; p105: ESA/DLR/FU Berlin (G. Neukum); p106: ESA/DLR/FU Berlin (G. Neukum); p107: ESA/DLR/FU Berlin (G. Neukum); p108: ESA/DLR/FU Berlin (G. Neukum); p109: ESA/DLR/FU Berlin (G. Neukum); p1101: NASA/JPL/Arizona State University; p112: ESA/DLR/FU Berlin (G. Neukum); p113: NASA/JPL-Caltech; p114: NASA/JPL-Caltech; p115: ESA/DLR/FU Berlin (G. Neukum); p116: NASA/JPL/Malin Space Science Systems; p117: NASA/JPL-Caltech; p118: ESA/DLR/FU Berlin (G. Neukum); p119: ESA/DLR/FU Berlin (G. Neukum); p120: ESA/DLR/FU Berlin (G. Neukum); p121: ESA/DLR/FU Berlin (G. Neukum); p122: NASA/JPL-Caltech; p123: ESA/DLR/FU Berlin (G. Neukum); p124: ESA/DLR/FU Berlin (G. Neukum); p125: ESA/DLR/FU Berlin (G. Neukum); p126: ESA/DLR/FU Berlin (G. Neukum); p127: ESA/DLR/FU Berlin (G. Neukum); p128: NASA/JPL/Malin Space Science Systems; p129: NASA/JPL/Malin Space Science Systems; p130: ESA/DLR/FU Berlin (G. Neukum); p131: NASA; p132: NASA, ESA, J. Parker (Southwest Research Institute), P. Thomas (Cornell University), L. McFadden (University of Maryland, College Park), and M. Mutchler and Z. Levay (STScI); p133: NASA/JPL-Caltech; p134: NASA/JPL-Caltech; p135: NASA/JPL-Caltech; p136: NASA/JPL-Caltech; p137: Ben Zellner (Georgia Southern University), Peter Thomas (Cornell University) and NASA; p138: NASA/JPL-Caltech; p139: NASA/JPL-Caltech; p140: NASA/JPL/University of Arizona; p141: [top] NASA/JPL-Caltech; [right & left] NASA, ESA, A. Simon-Miller (Goddard Space Flight Center) and I. de Pater (University of California, Berkeley); [bottom] Tim Brown – Pikaia Imaging; p142-3: NASA/JPL/Space Science Institute; p144: NASA/JPL-Caltech; p145: NASA/JPL-Caltech; p146: Gemini Observatory, AURA; p147: NASA/JPL/University of Arizon; p148: NASA/JPLCaltech; p149: NASA/JPL-Caltech; p150: Hubble Space Telescope Comet Team and NASA; p151: NASA/JPL/University of Arizona; p152: NASA/JPL-Caltech; p153: NASA/JPL-Caltech; p154: NASA/JPL-Caltech; p155: NASA/JPL/University of Arizona/University of Colorado; p156: NASA/JPL-Caltech; p157: NASA/JPL-Caltech; p158: NASA/JPL-Caltech; p159: NASA/JPL-Caltech; p160: NASA/JPL-Caltech; p161: NASA/JPL-Caltech; p162: [left] NASA/JPL/Space Science Institute; [right] NASA/JPL/Space Science Institute; [below] Tim Brown – Pikaia Imaging; p163: NASA/JPL/Space Science Institute; p164: NASA/JPL-Caltech; p165: NASA/JPL/Space Science Institute; p166-7: NASA/JPL/Space Science Institute; p168: NASA/JPL/Space Science Institute; p169: NASA/JPL/Space Science Institute; p170: NASA and The Hubble Heritage Team (STScI/AURA), Acknowledgment: R.G. French (Wellesley College), J. Cuzzi (NASA/Ames), L. Dones (SwRI), and J. Lissauer (NASA/Ames); p171: NASA, ESA, J. Clarke (Boston University), and Z. Levay (STScI); p172: NASA/JPL/Space Science Institute; p173: NASA/JPL/Space Science Institute; p174: NASA/JPL/Space Science Institute; p175: NASA/JPL/Space Science Institute; p176: NASA/JPL/Space Science Institute; p177: NASA/JPL/Space Science Institute; p178: NASA/JPL/Space Science Institute; p179: NASA/JPL/Space Science Institute; p180: NASA/JPL/Space Science Institute; p181: NASA/JPL/Space Science Institute; p182: NASA/JPL/Space Science Institute; p183: NASA/JPL/Space Science Institute; p184: NASA/JPL/Space Science Institute; p185: NASA/JPL/Space Science Institute; p186: NASA/JPL/Space Science Institute; p187: NASA/JPL/Space Science Institute; p188: NASA/JPL/Space Science Institute; p189: NASA/JPL; p190: ESA/NASA/JPL/University of Arizona; p191: NASA/JPL/Space Science Institute; p192: NASA/JPL/Space Science Institute; p193: NASA/JPL/Space Science Institute; p194: [top] NASA/JPL-Caltech; [bottom] Tim Brown – Pikaia Imaging; p195: NASA/JPL-Caltech; p196: Erich Karkoschka (University of Arizona) and NASA; p197: NASA/JPL-Caltech; p198: NASA/JPL-Caltech; p199: NASA/JPL-Caltech; p200: NASA/JPL-Caltech; p201: NASA/JPL-Caltech; p202: [top & below] NASA/JPLCaltech; [bottom] Tim Brown – Pikaia Imaging; p203: NASA/JPL-Caltech; p204: NASA/JPL-Caltech; p205: NASA, L. Sromovsky, and P. Fry (University of Wisconsin-Madison); p206: NASA/JPL-Caltech; p207: NASA/JPL-Caltech; p208: NASA/JPL-Caltech; p209: NASA/JPLCaltech; p210: [top & bottom] Tim Brown – Pikaia Imaging; p211: NASA, ESA, and A. Schaller (for STScI); p212: NASA, ESA, H. Weaver (JHU/APL), A. Stern (SwRI), and the HST Pluto Companion Search Team; p213: NASA, ESA, and M. Brown (California Institute of Technology); p214: NASA, ESA and M. Brown (Caltech); p215: M. Brown/Caltech; p216: NASA/JPL/UMD; p217: ESA; p218: NASA, NOAO, NSF, T. Rector (University of Alaska Anchorage), Z. Levay and L.Frattare (Space Telescope Science Institute); p219: NASA, Harold Weaver (the Johns Hopkins University), and the HST Comet LINEAR Investigation Team.

所以对于本书而言，每一张图片不再只是图片而已，它们变成了一个个说着我们听不懂的语言的学者，而作者更像是一位转述者，他用平实的语言，将每张图片要说的话一一翻译给读者们听。在每一章的起始，作者则介绍了这些照片背后的故事，说是背后的故事，其实更像是梳理了人类对太阳系的认知过程——人类的好奇心是如何一次次催生了探寻真相的征程，我们过去取得了哪些成就，我们了解到了哪些全新的知识，等等。在阅读本书的过程中，作者在带领着你游览太阳系的同时也会将你引入天文学的殿堂，在这里，天文学不再是艰深的物理公式和复杂的数学推导，天文学变成了一颗颗星球、一段段故事，天文照片成为了天文学本身。而用图片的形式叙述一门科学，不就是所有先贤们认知这个世界的方法吗？只有发现了周围事物的奇妙之处，才能开始探索的旅程，才能找到透过现象看本质的方法。如果剥离了现象，那本质在失去了意义的同时也没有了趣味。

图片大部分选自美国国家航空航天局和欧洲空间局，囊括了过去的重大发现和一些新近的发现（截至2006年）。每一章所选的图片既极具美感，又都自成体系，全面且系统地介绍了整个太阳系内各方面的知识：小到一个宇航员的脚印、一个几千米的环形山，大至能吞下数个地球的风暴、长数千千米的峡谷。不仅如此，作者还用他丰富的天文学、物理学和地质学知识为每一张图片配了释文。虽然简短，但每篇释文里其实都暗藏玄机、包罗万象，作者将现象背后蕴含的深刻天文学原理，用平白的语言直接叙述出来，既引起兴趣，又不至于枯燥，拥有不同知识层面的广大读者都可以轻松愉快地阅读。而且释文内容不仅限于图片本身，作者经常会前后引用、对比，或者略微展开论述。如此一来，图片便如同引子一般，打开了一个个鲜活的话题。

最后谈一下书中部分中文译名的选择。本书中包含了一些新近的发现，其中许多都没有正式的中文译名(如金星和火星表面的诸多地貌名称)，而有些则存在多种不同的译名（如探测器名称和环形山名称）。如有多种译名存在,则采用最符合语言习惯的译法。如不存在正式译名,则根据相应地形的命名来源（一般为神话人物、神话地区或历史人物）确定译名。还有一些虽不存在正式译名，但国内天文学界已有习惯称呼，则根据习惯称呼译出。另外需要强调的是，原文所有"Crater"皆译为环形山（除去地球上的某些特殊地形），但读者应该注意，此译名为广义上的环形山，不只局限于拥有环形的山脊且中央凹陷的地貌，还包括所有地表上简单的凹坑。如在阅读过程中发现纰漏和讹误之处，还请读者指正。

服务热线：133-6631-2326　188-1142-1266

服务信箱：reader@hinabook.com

图书在版编目（CIP）数据

行星 / (英) 贾尔斯·斯帕罗著；傅圣迪译. -- 南昌：江西人民出版社, 2017.3

ISBN 978-7-210-08673-4

Ⅰ.①行… Ⅱ.①贾… ②傅… Ⅲ.①行星—普及读物 Ⅳ.①P185-49

中国版本图书馆CIP数据核字(2016)第194719号

THE PLANETS: A JOURNEY THROUGH THE SOLAR SYSTEM BY GILES SPARROW

Copyright: © Quercus Publishing Ltd 2006

This edition arranged with Quercus Editions Limited through BIG APPLE AGENCY, INC., LABUAN, MALAYSIA.

Simplified Chinese edition copyright:

2017 Ginkgo (Beijing) Book Co., Ltd.

All rights reserved.

本书简体中文版授权银杏树下（北京）图书有限责任公司出版。

版权登记号：14-2016-0142

行星

著：[英] 贾尔斯·斯帕罗　译者：傅圣迪　责任编辑：王华　胡小丽

出版发行：江西人民出版社　印刷：北京利丰雅高长城印刷有限公司

889 毫米 × 1194 毫米　1/12　19 印张　字数 263 千字

2017 年 3 月第 1 版　2017 年 3 月第 1 次印刷

ISBN 978-7-210-08673-4

定价：168.00 元

赣版权登字 -01-2016-513